高空作业机械从业人员安全技术职业培训教材

擦窗机操作安装维修工

中国建设劳动学会建设安全专业委员会
江苏省高空机械吊篮协会　组织编写
无锡市住房和城乡建设局

薛抱新　主　　编

中国建筑工业出版社

图书在版编目（CIP）数据

擦窗机操作安装维修工／中国建设劳动学会建设安全专业委员会，江苏省高空机械吊篮协会，无锡市住房和城乡建设局组织编写；薛抱新主编. —北京：中国建筑工业出版社，2021.8

高空作业机械从业人员安全技术职业培训教材

ISBN 978-7-112-26468-1

Ⅰ. ①擦… Ⅱ. ①中… ②江… ③无… ④薛… Ⅲ. ①高空作业－安全培训－教材 Ⅳ. ① TU744

中国版本图书馆 CIP 数据核字（2021）第 165299 号

高空作业机械从业人员安全技术职业培训教材

擦窗机操作安装维修工

中国建设劳动学会建设安全专业委员会

江 苏 省 高 空 机 械 吊 篮 协 会　组织编写

无 锡 市 住 房 和 城 乡 建 设 局

薛抱新　主　　编

*

中国建筑工业出版社出版、发行（北京海淀三里河路 9 号）

各地新华书店、建筑书店经销

北京建筑工业印刷厂制版

天津翔远印刷有限公司印刷

*

开本：850 毫米×1168 毫米　1/32　印张：4¾　字数：125 千字

2021 年 8 月第一版　　2021 年 8 月第一次印刷

定价：25.00 元

ISBN 978-7-112-26468-1

（37877）

为提高高处施工操作人员职业技能和职业素质，积极配合政府主管部门开展高危作业人员的职业技能培训，编者编写了本书。本书主要内容包括：职业道德与施工安全基础教育；擦窗机产品基本知识；轨道式擦窗机基本构造；轮载式擦窗机；悬挂式擦窗机；插杆式擦窗机；滑梯式擦窗机；轨道式擦窗机安全保护装置及技术性能要求；悬挂式、插杆式安全保护装置及技术要求；钢丝绳约束系统要求；电气系统安全技术要求；控制系统安全技术要求；擦窗机系统安装、调试与验收；擦窗机的安全使用；擦窗机常见故障及应急情况处置；设备检查、维护、全面检验和年检；擦窗机事故案例分析；培训考核题库及答案。

本书可作为高处施工操作人员培训用书，也可作为相关企业管理人员及相关人员的参考用书，对于宣传普及安全文化知识、促进安全生产将会起到积极作用。

责任编辑：王华月　张　磊　范业庶
责任校对：李美娜

高空作业机械从业人员安全技术
职业培训教材
编审委员会

主　　　任：吴仁山　喻惠业　闵向林

副　主　任：吴　杰　吴灿彬　孙　佳　刘志刚　薛抱新
　　　　　　张　帅　汤　剑　李　敬

编委会成员：（按姓氏笔画排序）
　　　　　　戈振华　田常录　朱建伟　杜景鸣　吴仁兴
　　　　　　吴占涛　张大骏　张占强　张京雄　张鹏涛
　　　　　　陈伟昌　陈敏华　金惠昌　周铁仁　俞莉梨
　　　　　　费　强　章宝俊　葛伊杰　董连双　谢仁宏
　　　　　　谢建琳　鲍煜晋　强　明　蔡东高

顾　　　问：鞠洪芬　张鲁风

本书编委会

主　　编：薛抱新

副 主 编：吴　杰　　张京雄　　谢建琳

审核人员：喻惠业　　孙　佳

编写人员：兰阳春　　谢仁宏　　田常录　　杜景鸣　　葛伊杰
　　　　　周铁仁　　张　帅　　张大骏　　张占强　　费　强
　　　　　朱建伟　　戈振华　　俞莉梨　　章宝俊

序

随着我国现代化建设的飞速发展，一大批高空作业机械设备应运而生，逐步取代传统脚手架和吊绳坐板（俗称"蜘蛛人"）等落后的载人登高作业方式。高空作业机械设备的不断涌现，不仅有效地提高了登高作业的工作效率、改善了操作环境条件、降低了工人劳动强度、提高了施工作业安全性，而且极大地发挥了节能减排的社会效益。

高空作业机械虽然相对于传统登高作业方式大大提高了作业安全性，但是它仍然属于危险性较大的高处作业范畴，而且还具有机械设备操作的危险性。虽然高空作业机械按照技术标准与设计规范均设有全方位、多层次的安全保护装置，但是这些安全保护装置与安全防护措施必须在正确安装、操作、维护、修理和科学管理的前提下才能有效发挥其安全保护作用。因此，高空作业机械对于作业人员的理论水平、实际操作技能等综合素质提出了更高的要求。面对全国数百万乃至上千万从事高空作业机械操作、安装、维修的高危作业人员，亟待进行系统专业的安全技术职业培训，提升其职业技能和职业素质。

为加强建筑施工安全管理，提高高危作业施工人员的职业技能和职业素质，根据《国务院办公厅关于印发职业技能提升行动方案（2019—2021 年）》（国办发〔2019〕24 号）文件精神，中国建设劳动学会建设安全专业委员会、江苏省高空机械吊篮协会和无锡市住房和城乡建设局共同组织编写了《高空作业机械从业人员安全技术职业培训教材》系列丛书。

中国建设劳动学会建设安全专业委员会是由住房和城乡建设行业从事工程建设活动、建设安全服务、建设职业技能教育、职业技能评估、安全教育培训、建设安全产业等企事业单位及相关专家、学者组成的全国性学术类社团分支机构。其基本宗旨：深入贯彻落实党中央、国务院关于加强安全生产工作的重大决策部署，坚持人民至上、生命至上、安全第一、标本兼治安全发展理念，加强学术理论研究，指导与推进住房和城乡建设系统从业人员安全教育培训和高素质产业工人队伍建设，大力推进建筑施工、市政公用设施、城镇房屋、农村住房、城市管理等重点领域安全生产工作持续深入卓有成效开展，为新时代住房和城乡建设高质量发展提供坚实的人才支撑与安全保障。其主要任务是开展住房和城乡建设系统从业人员安全教育培训体系研究；组织制定各专业领域建设安全培训考评标准体系、教材体系；指导与推进从业人员安全培训基地建设与人员培训监管工作；开展建设安全科普教育，组织开展建设安全社会宣传；开展建设安全咨询服务；开展建设安全国际交流与合作；完成中国建设劳动学会委托的相关任务。

江苏是建筑大省，无锡是高空机械"吊篮之乡"。江苏省高空机械吊篮协会是全国唯一的专门从事高空作业机械工程技术研究与施工安全管理的专业性协会，汇聚了全行业绝大多数知名专家，承担过国家"十一五""十二五"和"十三五"科技支撑计划重点项目；获得过国家建设科技"华夏奖"等重大奖项；拥有数百项国家专利；参与过国家住房和城乡建设部重大课题研究，起草过全国性技术法规；主编和参与编制《高处作业吊篮》《擦窗机》《导架爬升式工作平台》等高空作业机械领域的全部国家标准；参与编写过《高处施工机械设施安全实操手册》《高空清洗作业人员实用操作安全技术》《高空作业机械安全操作与维修》《建筑施工高处作业机械安全使用与事故分析》和《高处作业吊篮安装拆卸工》等全国性职业安全技术培训教材。

作为"吊篮之乡"的地方政府建设主管部门——无锡市住房和城乡建设局在全国率先出台过众多关于加强对高处作业吊篮等高空作业机械施工安全管理方面文件与政策，为加强安全生产与管理，引领行业良性循环发展，起到了积极的指导作用。

本系列教材首批出版发行的是《高处作业吊篮操作工》《附着升降脚手架安装拆卸工》《施工升降平台操作安装维修工》和《擦窗机操作安装维修工》等四个工种的安全技术培训教材，今后还将陆续分批出版发行本职业其他工种的培训教材。

本系列教材的编写工作，得到了沈阳建筑大学、湖南大学、高空机械工程技术研究院、申锡机械集团有限公司、无锡市小天鹅建筑机械有限公司、无锡天通建筑机械有限公司、上海再瑞高层设备有限公司、上海普英特高层设备股份有限公司、中宇博机械制造股份有限公司、上海凯博高层设备有限公司、无锡安高检测有限公司、雄宇重工集团股份有限公司、无锡驰恒建设有限公司、成都嘉泽正达科技有限公司、无锡城市职业技术学院和江苏鼎都检测有限公司以及有关方面专家们的大力支持，并分别承担了本系列教材各书的编写工作，在此一并致谢！

本系列教材主要用于高空作业机械从业人员职业安全技术培训与考核，也可作为专业院校和培训机构的教学用书。如有不妥之处，敬请广大读者提出宝贵意见。

高空作业机械从业人员安全技术职业培训教材编审委员会
2021 年 4 月

前　言

为加强安全生产管理，营造和谐的安全生产环境，强化安全意识，提高安全技能，保护员工身体健康和生命安全；以及为进一步加强建筑施工安全，提高施工操作人员职业技能和职业素质，根据《国务院办公厅关于印发职业技能提升行动方案（2019—2021年）》（国办发〔2019〕24号）文件精神，积极配合政府主管部门开展高危作业人员的职业技能培训提升工作，我们编写了《擦窗机操作安装维修工》安全技术职业培训教程。

本书主要依据《擦窗机》GB/T 19154—2017、《高处作业吊篮》GB/T 19155—2017、《建筑施工安全检查标准》JGJ 59—2011和《擦窗机安装工程质量验收标准》JGJ/T 150—2018编写，主要内容有：职业道德与施工安全基础教育；擦窗机产品基本知识；轨道式擦窗机基本构造；轮载式擦窗机；悬挂式擦窗机；插杆式擦窗机；滑梯式擦窗机；轨道式擦窗机安全保护装置及技术性能要求；悬挂式、插杆式安全保护装置及技术要求；钢丝绳约束系统要求；电气系统安全技术要求；控制系统安全技术要求；擦窗机系统安装、调试与验收；擦窗机的安全使用；擦窗机常见故障及应急情况处置；设备检查、维护、全面检验和年检；擦窗机事故案例分析；培训考核题库及答案等。

本书可指导相关企业实施和完善安全生产，是相关企业管理人员及相关人员的重要参考书，也可作为相关人员职业技能培训、提升之教材，对于宣传普及安全文化知识、促进安全生产将会起到积极作用。

　　本书编写中错误和不妥之处，恳请广大同行和读者提出宝贵意见，给予批评指正。

编者

2021 年 5 月

目　　录

第一章　职业道德与施工安全基础教育

第一节　职业道德基础教育

一、职业道德的基本概念

1. 什么是职业道德

职业道德是指从事一定职业的从业人员在职业活动中应当遵循的道德准则和行为规范，是社会道德体系的重要组成部分，是社会主义核心价值观的具体体现。职业道德通过人们的信念、习惯和社会舆论而起作用，成为人们评判是非、辨别好坏的标准和尺度，从而促使人们不断增强职业道德观念，不断提高社会责任和服务水平。

2. 职业道德的主要内容

职业道德主要包括：职业道德概念、职业道德原则、职业道德行为规范、职业守则、职业道德评价、职业道德修养等。

良好的职业道德是每个职业的从业人员都必须具备的基本品质，良好的职业修养是每一名优秀的职业从业人员必备的素质，这两点是职业对从业人员最基本的规范和要求，同时也是每个职业从业人员担负起自己的工作责任必备的素质。

3. 职业道德的涵义

（1）职业道德是一种职业规范，受到社会普遍的认可。

（2）职业道德是长期以来自然形成的。

（3）职业道德没有确定的形式，通常体现为观念、习惯、信念等。

（4）职业道德依靠文化、内心信念和习惯，通过职工的自律来实现。

（5）职业道德大多没有实质的约束力和强制力。

（6）职业道德的主要内容是对职业人员义务的要求。

（7）职业道德标准多元化，代表了不同职业可能具有不同的价值观。

（8）职业道德承载着职业文化和凝聚力，影响深远。

二、职业道德的基本特征

1. 具有普遍性

各行各业的从业者都应当共同遵守基本职业道德行为规范，且在全世界的所有职业的从业者都有着基本相同的职业道德规范。

2. 具有行业性

职业道德具有适用范围的有限性。各行各业都担负着一定的职业责任和职业义务。由于各行各业的职业责任和义务不同，从而形成各自特定的行业职业道德的具体规范。职业道德的内容与职业实践活动紧密相连，反映着特定行业的职业活动对其从业人员行为的具体道德要求。

3. 具有继承性

职业道德具有发展的历史继承性。由于职业具有不断发展和世代延续的特征，不仅其技术世代延续，其管理员工的方法、与服务对象打交道的方式，也有一定历史继承性。在长期实践过程中形成的职业道德内容，会被作为经验和传统继承下来，如"有教无类""童叟无欺"和"修合无人见，存心有天知"等千年古训，都是所在行业流传至今的职业道德。

4. 具有实践性

职业行为过程，就是职业实践过程，只有在实践过程中，才能体现出职业道德的水准。职业道德的作用是调整职业关系，对从业人员职业活动的具体行为进行规范，解决现实生活中的具体道德冲突。一个从业者的职业道德知识、情感、意志、信念、觉悟、良心等都必须通过职业的实践活动,在自己的行为中表现出来,并且接受行业职业道德的评价和自我评价。

5. 具有多样性

职业道德表达形式多种多样。不同的行业和不同的职业,有不同的职业道德标准,且表现形式灵活多样。职业道德的表现形式总是从本职业的交流活动实际出发,采用诸如制度、守则、公约、承诺、誓言、条例等形式,乃至标语口号之类加以体现,既易于为从业人员接受和实行,而且便于形成一种职业的道德习惯。

6. 具有自律性

从业者通过对职业道德的学习和实践,逐渐培养成较为稳固的职业道德习惯与品质。良好的职业道德形成以后,又会在工作中逐渐形成行为上的条件反射,自觉地选择有利于社会、有利于集体的行为。这种自觉性就是通过自我内心职业道德意识、觉悟、信念、意志、良心的主观约束控制来实现的。

7. 具有他律性

道德行为具有受舆论影响与监督的特征。在职业生涯中,从业人员随时都要受到所从事职业领域的职业道德舆论的影响与监督。实践证明,创造良好职业道德的社会氛围、职业环境,并通过职业道德舆论的宣传与监督,可以有效地促进人们自觉遵守职业道德,并实现互相监督,共同提升道德境界。

三、职业道德的主要作用

1. 加强职业道德是提高从业人员责任心的重要途径

职业道德要求把个人理想同各行各业、各个单位的发展目标结合起来,同个人的岗位职责结合起来,以增强员工的职业观念、职业事业心和职业责任感。职业道德要求员工在本职工作中不怕艰苦,勤奋工作,既讲团结协作,又讲个人贡献;既讲经济效益,又讲社会效益。加强职业道德要求紧密联系本行业本单位的实际,有针对性地解决存在的问题。

2. 加强职业道德是促进企业和谐发展的迫切要求

职业道德的基本职能是调节职能，一方面可以调节从业人员内部的关系，即运用职业道德规范约束职业内部人员的行为，促进职业内部人员的团结与合作，加强职业、行业内部人员的凝聚力；另一方面，职业道德又可以调节从业人员与服务对象之间的关系，用来塑造本职业从业人员的社会形象。

3. 加强职业道德是提高企业竞争力的必要措施

当前市场竞争激烈，各行各业都讲经济效益，要求企业的经营者在竞争中不断开拓创新。在企业中加强职业道德教育，使得企业在追求自身利润的同时，又能创造好的社会效益，从而提升企业形象，赢得持久而稳定的市场份额；同时，也使企业内部员工之间相互尊重、相互信任、相互合作，从而提高企业凝聚力，企业方能在竞争中稳步发展。

4. 加强职业道德是个人健康发展的基本保障

市场经济对于职业道德建设有其积极一面，也有消极的一面。提高从业人员的道德素质，树立职业理想，增强职业责任感，形成良好的职业行为，抵抗物欲诱惑，不被利欲所熏心，才能脚踏实地在本行业中追求进步。在社会主义市场经济条件下，只有具备职业道德精神的从业人员，才能在社会中站稳脚跟，成为社会的栋梁之材，在为社会创造效益的同时，也保障了自身的健康发展。

5. 加强职业道德教育是提高全社会道德水平的重要手段

职业道德是整个社会道德的主要组成部分。它一方面涉及每个从业者如何对待职业，如何对待工作，同时也是一个从业人员的生活态度、价值观念的表现，是一个人的道德意识和道德行为发展到成熟阶段的体现，具有较强的稳定性和连续性。另一方面，职业道德也是一个职业集体甚至一个行业全体人员的行为表现，如果每个行业、每个职业集体都具备优良的职业道德，那么对整个社会道德水平的提高就会发挥重要作用。

四、职业道德基本规范与职业守则

1. 职业道德基本规范

职业道德的基本规范是爱岗敬业，忠于职守；诚实守信，办事公道；遵纪守法，廉洁奉公；服务群众，奉献社会。

（1）爱岗敬业

爱岗敬业是爱岗与敬业的总称。爱岗和敬业，互为前提，相互支持，相辅相成。"爱岗"是"敬业"的基石，"敬业"是"爱岗"的升华。

爱岗：就是从业人员首先要热爱自己的工作岗位，热爱本职工作，才能安心工作、献身所从事的行业，把自己远大的理想和追求落到工作实处，在平凡的工作岗位上做出非凡的贡献。

敬业：是从业人员职业道德的内在要求，是要以一种严肃认真的态度对待工作，工作勤奋努力，精益求精，尽心尽力，尽职尽责。敬业是随着市场经济市场的发展，对从业人员的职业观念、态度、技能、纪律和作风都提出的新的更高的要求。

（2）忠于职守

忠于职守有两层含义：一是忠于职责，二是忠于操守。忠于职责，就是要自动自发地担当起岗位职能设定的工作责任，优质高效地履行好各项义务。忠于操守，就是为人处事必须忠诚地遵守一定的社会法则、道德法则和心灵法则。

忠于职守就是要把自己职业范围内的工作做好，努力达到工作质量标准和规范要求。

2. 职业守则

职业守则就是从事某种职业时必须遵循的基本行为规则，也称准则。每一个行业都有必须遵守的行为规则，把这种规则用文字形态列成条款，形成每一个成员必须遵守的规定，称为职业守则。

机械行业的职业守则至少应包括以下内容：

（1）遵守法律法规；

（2）具有高度的责任心；

（3）严格执行机械设备安全操作规程。

第二节　高空作业机械从业人员的职业道德

一、高空作业机械行业的职业特点

1. 高空作业机械设备具有双重危险性

高处作业吊篮、擦窗机、施工升降平台和附着升降脚手架等等高空作业机械设备，既具有高处作业的危险性，同时又具备机械设备操作的双重危险性。

高空作业机械从业人员最突出的职业特点是，所面对的设备设施都是载人高处作业的，其操作具有极大的危险性，稍有不慎就可能造成对本人或对他人的伤害。高空作业机械作业的高危性决定了从业人员必须具备良好的职业道德和职业素养。

2. 高空作业机械设备比特种设备具有更大的危险性

虽然目前许多高空作业机械设备没有被国家列入特种设备目录，但是其操作的高危性丝毫不亚于塔式起重机和施工升降机等建筑施工特种设备。而且高空作业机械设备载人高空作业，如若操作不当，非常容易发生人员伤亡事故。

据不完全统计，目前全国每年发生的载人高空作业机械设备安全事故高达数十起，伤亡上百人，而且机毁人亡的恶性事故占绝大多数。

3. 高空机械作业人员应持证上岗

2010 年 5 月，国家安全生产监督管理总局令（第 30 号）《特种作业人员安全技术培训考核管理规定》（后简称第 30 号令）第三条: 本规定所称特种作业，是指容易发生事故，对操作者本人、他人的安全健康及设备、设施的安全可能造成重大危害的作业。

第 30 号令在附件《特种作业目录》中规定:"3 高处作业……适用于利用专用设备进行建筑物内外装饰、清洁、装修，电力、电信等线路架设，高处管道架设，小型空调高处安装、维修，各种设备设施与户外广告设施的安装、检修、维护以及在高处从事建筑物、设备设施拆除作业。"明确将"高处作业"列入了"特种作业目录"，而且将"利用专用设备进行作业"包括在"高处作业"的适用范围内。显然，利用高空作业机械进行作业应当包括在"高处作业"的范围内，直接从事高空作业机械操作、安装、拆卸和维修的人员都应当属于特种作业人员。

2014 年 8 月，颁布的《中华人民共和国安全生产法》第二十七条进一步规定："生产经营单位的特种作业人员必须按照国家有关规定经专门的安全作业培训，取得相应资格，方可上岗作业。"

二、高空作业机械从业人员应当具备的职业道德

1. 建筑施工行业对职业道德规范要求

高空作业机械设备主要应用于建筑施工领域，从属于建筑施工行业。根据住房和城乡建设部发布的《建筑业从业人员职业道德规范（试行）》[（97）建建综字第 33 号]，对施工人员职业道德规范要求如下。

（1）苦练硬功，扎实工作。刻苦钻研技术，熟练掌握本工程的基本技能，努力学习和运用先进的施工方法，练就过硬本领，立志岗位成才。热爱本职工作，不怕苦、不怕累，认认真真，精心操作。

（2）精心施工，确保质量。严格按照设计图纸和技术规范操作，坚持自检、互检、交接检制度，确保工程质量。

（3）安全生产，文明施工。树立安全生产意识，严格执行安全操作规程，杜绝一切违章作业现象。维护施工现场整洁，不乱倒垃圾，做到工完场清。

（4）争做文明职工，不断提高文化素质和道德修养，遵守各项规章制度，发扬劳动者的主人翁精神，维护国家利益和集体荣誉，服从上级领导和有关部门的管理，争做文明职工。

2. 高危作业人员职业道德的核心内容

（1）安全第一

必须坚持"预防为主、安全第一、综合治理"的方针，严格遵守操作规程，强化安全意识，认真执行安全生产的法律、法规、标准和规范，杜绝"三违"（违章指挥，违章操作，违反劳动纪律）现象。在工作中具有高度责任心。努力做到"三不伤害"（即：不伤害自己、不伤害他人、不被他人所伤害），树立绝不能因为自己的一时疏忽大意，而酿成机毁人亡的惨痛结果的职业道德意识。

（2）诚实守信

诚实守信作为社会主义职业道德的基本规范，是和谐社会发展的必然要求，它不仅是建设领域职工安身立命的基础，也是企业赖以生存和发展的基石。操作人员要言行一致，表里如一，真实无欺，相互信任，遵守诺言，忠实地履行自己应当承担的责任和义务。

（3）爱岗敬业

高空作业机械的主要服务领域是我国支柱产业之一的建筑业。高空作业机械作为替代传统脚手架进行高处接近作业的设备，完全符合国家节能减排的产业政策，具有极强的生命力。我国高空作业机械行业经历了40多年的发展，目前正处在高速发展的上升阶段，属于极具发展潜力的朝阳产业。作为高空作业机械行业的从业人员应该充分体会到工作的成就感和职业的稳定感，应该为自己能在本职岗位上为国家与社会做贡献而感到骄傲和自豪。

（4）钻研技术

从业人员要努力学习科学文化知识，刻苦钻研专业技术，苦练硬功，扎实工作，熟练掌握本工作的基本技能，努力学习和运用先进的施工方法，精通本岗位业务，不断提高业务能力。对待本职工作要力求做到精益求精，永无止境。要不断学习和提高职业技能水平，服务企业，服务行业，为社会做出更多、更大的贡献。

（5）遵纪守法

自觉遵守各项相关的法律、法规和政策；严格遵守本行业和本企业的规章制度、安全操作规程和劳动纪律；要公私分明，不损害国家和集体的利益，严格履行岗位职责，勤奋努力工作。

第三节　建筑施工安全有关规定

一、相关法规对建筑安全生产的规定

1.《中华人民共和国宪法》

《中华人民共和国宪法》规定，国家通过各种途径，创造劳动就业条件，加强劳动保护，改善劳动条件，并在发展生产的基础上，提高劳动报酬和福利待遇。

2.《中华人民共和国安全生产法》

《中华人民共和国安全生产法》规定，生产经营单位必须遵守本法和其他有关安全生产的法律、法规，加强安全生产管理，建立、健全安全生产责任制和安全生产规章制度，改善安全生产条件，推进安全生产标准化建设，提高安全生产水平，确保安全生产。

第一百零九条，对生产安全事故发生负有责任的生产经营单位，安监部门将对其处以罚款。

发生一般事故（指造成 3 人以下死亡，或者 10 人以下重伤，或者 1000 万元以下直接经济损失的事故）的，处二十万元以上五十万元以下的罚款。

发生较大事故［指造成 3 人（含 3 人）以上 10 人以下死亡，或者 10 人（含 10 人）以上 50 人以下重伤，或者 1000 万元（含 1000 万元）以上 5000 万元以下直接经济损失的事故］的，处五十万元以上一百万元以下的罚款。

发生重大事故［指造成 10 人（含 10 人）以上 30 人以下死亡，或者 50 人（含 50 人）以上 100 人以下重伤，或者 5000 万元（含 5000 万元）以上 1 亿元以下直接经济损失的事故〕的，处一百万元以上五百万元以下的罚款。

发生特别重大事故，指造成 30 人（含 30 人）以上死亡，或者 100 人（含 100 人）以上重伤，或者 1 亿元（含 1 亿元）以上直接经济损失的事故的，处 500 万元以上 1000 万元以下的罚款；情节特别严重的，处 1000 万元以上 2000 万元以下的罚款。

3.《中华人民共和国建筑法》

第五章对建筑安全生产管理作出专门规定：

（1）建筑施工企业必须依法加强对建筑安全生产的管理，执行安全生产责任制度，采取有效措施，防止伤亡和其他安全生产事故的发生。

（2）建筑施工企业应当建立健全劳动安全生产教育培训制度，加强对职工安全生产的教育培训；未经安全生产教育培训的人员，不得上岗作业。

（3）建筑施工企业和作业人员在施工过程中，应当遵守有关安全生产的法律、法规和建筑行业安全规章、规程，不得违章指挥或者违章作业。作业人员有权对影响人身健康的作业程序和作业条件提出改进意见，有权获得安全生产所需的防护用品。作业人员对危及生命安全和人身健康的行为有权提出批评、检举和控告。

4.《建设工程安全生产管理条例》

《建设工程安全生产管理条例》规定：

（1）垂直运输机械作业人员、安装拆卸工、爆破作业人员、起重信号工、登高架设作业人员等特种作业人员，必须按照国家有关规定经过专门的安全作业培训，并取得特种作业操作资格证书后，方可上岗作业。

（2）施工单位应当在施工现场入口处、施工起重机械、临时用电设施、脚手架、出入通道口、楼梯口、电梯井口、孔洞口、桥梁口、隧道口、基坑边沿、爆破物及有害危险气体和液体存放处等危险部位，设置明显的安全警示标志。安全警示标志必须符合国家标准。

（3）施工单位应当根据不同施工阶段和周围环境及季节、气候的变化，在施工现场采取相应的安全施工措施。施工现场暂时停止施工的，施工单位应当做好现场防护，所需费用由责任方承担，或者按照合同约定执行。

（4）施工单位应当向作业人员提供安全防护用具和安全防护服装，并书面告知危险岗位的操作规程和违章操作的危害。

（5）作业人员有权对施工现场的作业条件、作业程序和作业方式中存在的安全问题提出批评、检举和控告，有权拒绝违章指挥和强令冒险作业。

（6）在施工中发生危及人身安全的紧急情况时，作业人员有权立即停止作业或者在采取必要的应急措施后撤离危险区域。

二、施工安全的重要性

施工安全是关系着国家与企业财产和人民生命安全的大事，是一切生产活动的根本保证。

1. 施工安全是施工企业经营活动的基本保证

只有在安全的环境中和有保障的条件下，操作人员才能毫无后顾之忧地集中精力投入到施工作业中，并且激发出极大的工作热情和积极性，从而提高劳动生产率，提高企业经济效益，使企业的生产经营活动得以稳定、顺利、正常地进行。

相反，在安全毫无保障或环境危险恶劣的条件下作业，操作人员必然提心吊胆、瞻前顾后，影响作业积极性和劳动生产率。如果安全事故频发，必然影响企业经济效益和职工情绪。一旦发生人身伤亡事故，不但伤亡者本身失去了宝贵的生命或造成终身残疾或承受肉体痛苦，而且给其家庭带来精神痛苦和无法弥补的损失。同时破坏了企业的正常生产秩序，损毁了企业形象。

安全生产既关系到职工及家庭的痛苦与幸福，又关系到企业的经济效益和企业的兴衰命运。施工安全是施工企业生产经营活动顺利进行的基本保证。

2. 安全生产是社会主义企业管理的基本原则之一

劳动者是社会生产力中最重要的因素，保护劳动者的安全与健康是党和国家的一贯方针。安全生产是维护工人阶级和劳动人民根本利益的，是党和国家制定企业管理政策、制度和规定的基础。

发展社会主义经济的目的之一就是满足广大人民日益增长的物质和精神生活的需要。重视安全生产，狠抓安全生产，把安全生产作为社会主义企业管理的一项基本原则，这是党和国家对劳动者切身利益的关心与体贴，充分体现了社会主义制度的优越性。

为了防止人身伤亡事故的发生，保护国家财产不受损失，党和政府颁布了一系列关于安全生产的政策和法令，把安全生产作为评定和考核企业的重要标准，实行安全一票否决的考核制度，还规定了劳动者有要求在劳动中保护安全和健康的权利。

3. 如何做到安全生产

（1）安全生产必须全员（包括经营者、领导者、管理者和劳动者）参与，高度重视。人人树立"安全第一"的思想，环环紧扣，不留盲区和死角。

（2）安全生产必须坚持"预防为主"，防患于未然，杜绝事故发生，避免马后炮。

（3）安全生产必须依靠群众才有基础和保证。每个劳动者都是安全生产的执行者，也是安全生产的责任人。安全生产与群众息息相关，密不可分。

（4）安全工作是一项长期的、经常性的艰苦细致的工作。必须常抓不懈，一丝不苟，警钟长鸣才能保证安全生产。

（5）要在不断增强全体员工安全观念和安全意识的同时，采用科学先进的方法加强安全技术知识的教育和培训，不断提高员工的安全科学知识和安全素质。

（6）高空作业机械行业的从业人员，从事着危险性极大的工作，直接关系着作业的安全。所以必须遵守各项安全规章制度，严格按照安全操作规程进行操作，确保作业安全。

第四节　建筑施工安全基础知识

一、建筑施工高处作业

1. 高处作业基本概念

《高处作业分级》GB/T 3608—2008 规定：凡在坠落高度基准面 2m 或 2m 以上有可能坠落的高处进行的作业，称为高处作业。

在建筑施工中，涉及高处作业的范围相当广泛。高处坠落事故是建筑施工中发生频率最高的事故之一。

2. 高处作业分级

《高处作业分级》GB/T 3608—2008 规定：

作业高度在 2 ～ 5m 时，称为 I 级高处作业；

作业高度在 5 ～ 15m 时，称为 II 级高处作业；

作业高度在 15 ～ 30m 时，称为 III 级高处作业；

作业高度在 30m 以上时，称为 IV（特级）高处作业。

随着我国超高层建筑迅速发展，高空作业机械升空作业高度不断增加，已由 20 世纪 80 年代的 50 ～ 60m，增加到目前的 100 ～ 200m，甚至高达数百米。由于升空作业高度远远大于 30m，因此属于典型的特级高处作业，具有重大危险性。

3. 高处作业可能坠落半径范围 R

作业高度在 2 ～ 5m 时，R 为 3m；

作业高度在 5 ～ 15m 时，R 为 4m；

作业高度在 15 ～ 30m 时，R 为 5m；

作业高度在 30m 以上时，R 为 6m。

二、高处作业的安全防护

1. 常用安全防护用品

在施工生产过程中能够起到人身保护作用，使作业人员免遭或减轻人身伤害、职业危害所配备的防护装备，称为安全防护用品也称劳动防护用品。

高处作业属于危险性较大的作业方式，属于特种作业，高处作业人员个人安全防护十分必要。如图 1-1 所示，对高处作业人员应进行全面防护，以降低其施工安全风险。

正确佩戴和使用劳动防护用品，可以有效防止以下情况发生：

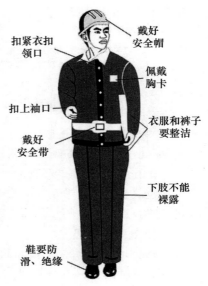

图 1-1　个人安全防护

（1）从事高空作业的人员，系好安全带可以防止高空坠落；

（2）从事电工（或手持电动工具）作业，穿好绝缘鞋可以预防触电事故发生；

（3）穿好工作服，系紧袖口，可以避免发生机械缠绕事故；

（4）戴好安全帽，可避免或减轻物体坠落或头部受撞击时的伤害。

由于安全帽、安全带和安全网对于建筑工人安全防护的重要性，所以被称为建筑施工"安全三宝"。

正确佩戴与合理使用安全帽、安全带和防坠安全绳对于高空作业机械作业人员是十分重要的，对此进行重点介绍。

2. 安全帽的正确使用

安全帽被称为"安全三宝"之一，是建筑工人尤其是高空作业人员保护头部，防止和减轻事故伤害，保证生命安全的重要个人防护用品。因此，不戴安全帽一律不准进入施工现场，一律不准进行高空作业机械作业，并要正确戴好安全帽。

安全帽是用来保护人体头部而佩戴的具有一定强度的圆顶型

防护用品。安全帽的作用是对人体头部起防护作用，防止头部受到坠落物及其他特定因素的冲击造成伤害。

（1）安全帽的正确佩戴方法

1）在佩戴安全帽前，应将帽后调整带按使用者的头型尺寸调整到合适的位置，然后将帽内弹性带系牢。

2）如图1-2所示，缓冲衬垫的松紧由带子调节，人的头顶和帽体顶部的空间垂直距离一般在25～50mm之间，以32mm左右为宜。这样才能保证当遭受到冲击时，帽体有足够的空间可供缓冲，平时也有利于头部和帽体间的通风。

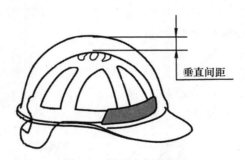

垂直间距

图1-2　帽顶内部空间

3）必须将安全帽戴正、戴牢，不能晃动，否则，将降低安全帽对于冲击的防护作用。

4）下颏带必须扣牢在颌下，且松紧适度，并调节好后箍。以防安全帽被大风吹落，或被其他障碍物碰掉，或由于头部的前后摆动，致使安全帽脱落。

5）严禁使用帽内无缓冲层的安全帽。

（2）安全帽使用注意事项

1）新领用的安全帽，应检查是否具有允许生产的标志及产品合格证，再看是否存在破损、薄厚不均，缓冲层、调整带和弹性带是否齐全有效。不符合规定的应要求立即调换。

2）在使用之前，应仔细检查安全帽的外观是否存在裂纹、磕碰伤痕、凸凹不平、过度磨损等缺陷，帽衬是否完整、结构是否处于正常状态。发现安全帽存在异常现象要立即更换，不得使用。

3）由于安全帽在使用过程中，会逐渐老化或损坏，故应定期检查有无龟裂、凹陷、裂痕和严重磨损等情况。安全帽上如存在影响其性能的明显缺陷就应及时报废，以免影响防护作用。

4）任何受过重击或有裂痕的安全帽，不论有无其他损坏现象，均应报废。

5）应保持安全帽的整洁，不得接触火源、任意涂刷油漆或当凳子使用等有可能损伤安全帽的行为。

6）安全帽不得在酸、碱或其他化学污染的环境中存放，不得放置在高温、日晒或潮湿的场所中，以免加速老化变质。

3．安全带的正确使用

安全带也是建筑施工"安全三宝"之一，是防止高处作业人员发生坠落或发生坠落后将作业人员安全悬挂的个体防护装备。

高空作业机械作业人员应配备如图1-3所示的坠落悬挂安全带，又称全身式高空作业安全带。

图1-3　全身式高空作业安全带

（1）安全带的组成及各组成部分作用

如图1-4所示，安全带是由系带、连接绳、扣件和连接器等组成。

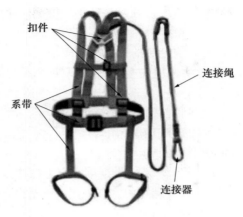

扣件

连接绳

系带

连接器

图 1-4　安全带的组成

1）系带由腰带、护腰带、前胸连接带、背带和腿带等带子组成，用于坠落时支撑人体，分散冲击力，避免人体受到伤害。

2）连接绳或称短绳，用于连接系带和自锁器或其他连接器。

3）连接器是具有活门的连接部件，将连接绳与挂点连接在一起。自锁器是一种具有自锁功能的连接器。

4）扣件包括扎紧扣和调节扣，用于连接、收紧和调节各种带子。

（2）安全带的正确使用

1）在使用前，应检查各部位是否完好，发现破损应停止使用。

2）连接背带与连接绳，系好胸带、腰带、腿带，并且收紧调整松紧度，锁紧卡环。

3）将安全带连接到安全绳上时，必须采用专用配套的自锁器或具有相同功能的单向自锁卡扣，自锁器不得反装。

4）安全带连接绳的长度，在自锁器与钢丝绳制成的柔性导轨连接时，其长度不应超过 0.3m；在自锁器与织带或纤维绳制成的柔性导轨连接时，其长度不应超过 1.0m。

（3）安全带使用注意事项

1）使用前必须做一次全面检查，发现破损停止使用。

2）安全带应高挂低用，并防止摆动、碰撞，避开尖锐物质，不得接触明火。

3）作业时，应将安全带的钩、环牢固地挂在悬挂点上。

4）在低温环境中使用安全带时，要注意防止安全带变硬、变脆或被割裂。

5）安全带上的各种部件不得任意拆除。

4. **安全绳与自锁器的正确使用**

（1）安全绳的规格与要求

安全绳如图1-5所示，是用于连接安全带与挂点的大绳。

高处作业使用的垂直悬挂的安全绳，属于与坠落悬挂安全带配套使用的长绳。

图1-5　安全绳与自锁器

安全绳的规格与要求如下：

1）绳径应不小于 ϕ18mm ；

2）断裂强度应不小于22kN ；

3）宜选用具有高强度、耐磨、耐霉烂和弹性好的锦纶绳；

4）整根安全绳不准存在中间接头。

（2）安全绳的正确使用

1）每次使用安全绳时，必须做一次外观检查，发现破损应立即停止使用。

2）在安全绳触及建（构）筑物的转角或棱角部位处，应进行衬垫或包裹，且防止衬垫或包裹物脱落。

3）在使用时，安全绳应保持处于铅锤状态。

4）不得在高温处使用。在接近焊接、切割或其他热源等场所时，应对安全绳进行隔热保护。

5）安全绳不允许打结或接长使用。

6）安全绳的绳头不应留有散丝，应进行燎烫处理，或加保护套。

7）在使用过程中，也应经常注意查看安全绳的外观状况，发现破损及时停用。

8）在半年至一年内应进行一次试验，以主部件不受损坏为前提。

9）发现有破损、老化变质情况时，应及时停止使用，以确保操作安全。

10）发生过坠落事故冲击的安全绳不应继续使用。

11）安全绳应储存在干燥通风的仓库内，并经常进行保洁，不得接触明火、强酸碱，勿与锋利物品碰撞，勿放在阳光下暴晒。

（3）自锁器及其性能要求

自锁器如图 1-5 所示，又称为导向式防坠器。自锁器的性能要求如下：

1）无论安全绳绷紧或松弛，自锁器均应能正常工作；

2）自锁器及安全绳应能保证在允许作业的冰雪环境下能够正常使用；

3）导轨为钢丝绳时，自锁器下滑距离不应超过 0.2m，导轨为纤维绳或织带时，自锁器下滑距离不应超过 1.0m。

（4）自锁器的使用规定

1）必须正确选用安全绳，且与安全绳的直径相匹配，严禁混用。

2）必须按照标识方向正确安装自锁器，切莫反装。

3）安装前需退出保险螺钉，按爪轴的开口方向将棘爪与滚轮组合件按反时针方向退出。

4）装入安全绳后，按开口方向顺时针装入。再合上保险，将保险螺钉拧上即可，不宜过紧。

5）装入安全绳后，检验自锁器的上、下灵活度。

6）如发现自锁器异常，必须停止使用，严禁私自装卸修理。

7）使用一年后，应抽取 1～2 只磨损较大的自锁器，用 80kg 重物做自由落体冲击试验，如无异常，此批可继续使用三个月；此后，每三个月应视使用情况做一次试验。

8）经过冲击试验或重物冲击的自锁器严禁继续使用。

三、施工现场常用安全标志

施工现场的作业环境复杂，不安全因素众多，属于高风险的作业场所。为了加强施工安全管理，在施工现场的危险部位及设备设施上设置醒目的安全警示标志，用以提醒施工作业人员强化安全意识，规范自身行为，严守安全纪律，防止伤亡事故的发生。

1. 安全标志的分类

国家标准《安全标志及使用导则》GB 2894—2008 规定：

安全标志是用以表达特定安全信息的标志，由图形符号、安全色、几何形状（边框）或文字构成。

安全标志分为禁止标志、警告标志、指令标志、提示标志四类。此外，还有补充标志。

（1）禁止标志

禁止标志是禁止人们不安全行为的图形标志。

禁止标志表示一种强制性的命令，其含义是不准或制止人们的某些行动。如图 1-6 所示，禁止标志的几何图形是带斜杠的圆环。其中，圆环与斜杠相连，用红色；图形符号用黑色，背景用白色。

施工现场常用的禁止标志主要有：禁止烟火、禁止通行、禁止堆放、禁止吸烟、有人工作禁止合闸、禁止靠近、禁止抛物、禁止触摸、禁止攀登和禁止停留等。

图 1-6　禁止标志

（2）警告标志

警告标志是提醒人们对周围环境引起注意，以避免可能发生危险的图形标志。

警告标志表示必须小心行事或用来描述危险属性，其含义是警告人们可能发生的危险。如图 1-7 所示，警告标志的几何图形是黑色的正三角形、黑色符号和黄色背景。

图 1-7　警告标志

施工现场常用的警告标志主要有：注意安全、当心触电、当心爆炸、当心吊物、当心落物、当心坠落、当心碰头、当心电缆、当心塌方、当心坑洞和当心滑跌等。

（3）指令标志

指令标志是强制人们必须做出某种动作或采用防范措施的图形标志。

如图 1-8 所示，指令标志的几何图形是圆形，蓝色背景，白色图形符号。施工现场常用的指令标志主要有：必须戴好安全帽、必须穿好防护鞋、必须系好安全带、必须戴好防护眼镜和必须穿好防护服等。

图 1-8　指令标志

（4）提示标志

提示标志是向人们提供某种信息（如标明安全设施或场所等）的图形标志。

提示标志的几何图形是方形，绿色或红色背景，白色图形符号及文字。如图 1-9 所示，施工现场常用的提示标志主要有：安全通道、紧急出口、安全楼梯、可动火区、地下消火栓、消防水带和灭火器等。

图 1-9　提示标志

2. 安全色与对比色

（1）安全色

标准规定：用红、黄、蓝、绿四种颜色分别表示禁止、警告、指令、提示标志的安全色。

1）红色表示禁止、停止、危险的意思或提示消防设备设施的信息。

2）黄色表示注意、警告的意思。

3）蓝色表示指令、必须遵守的规定。

4）绿色表示通行、安全和提供信息的意思。

（2）对比色

对比色是使安全色更加醒目的反衬色，用以提高安全色的辨别度。

标准规定，对比色是黑、白两种颜色，且黑色与白色互为对比色。黑色用于安全标志的文字、图形符号和警告标志的几何边框。白色作为安全标志红、蓝、绿的背景色，也可用于安全标志的文字和图形符号。

安全色与对比色同时使用的，应按照表1-1的规定搭配使用：

安全色与对比色的搭配使用表　　　　　表1-1

安全色	对比色
红色	白色
蓝色	白色
黄色	黑色
绿色	白色

3. 施工现场常用安全标志

施工现场常用安全标志示例见本教材内页"安全标志（摘录）"。

四、施工现场消防基础知识

按照《中华人民共和国消防法》的规定，"消防工作贯彻预防为主，防消结合的方针。"在消防工作中要把预防放在首位，"防患于未然"。同时，要切实做好扑救火灾的各项准备工作，一旦发生火灾，能够及时发现、有效扑救，最大限度地减少人员伤亡和财产损失。

1. 燃烧的基本条件

任何物质发生燃烧，都要有一个由未燃状态转向燃烧状态的过程。这个过程的发生必备三个条件，即可燃物、助燃物和着火源，且三者要相互作用。

（1）可燃物

凡是能与空气中的氧或其他氧化剂起化学反应的物质，称为可燃物。如木材、纸张、汽油、油漆、酒精、煤炭等。

（2）助燃物

凡是能帮助和支持可燃物燃烧的物质，即能与可燃物发生氧化反应的物质，称为助燃物。如空气、氧气等。

（3）着火源

凡能引起可燃物与助燃物发生燃烧反应的能量来源，称为着火源，如电火花、火焰、火星等。烟头中心温度可达700℃以上，因此是不容忽视的着火源。

2. 防火安全注意事项

（1）控制好火源。火源是火灾的发源地，也是引起燃烧和爆炸的直接原因，所以，防止火灾必须控制好各种火源：

1）控制各种明火。施工现场的电焊、气焊施工属于明火源，须加以严格控制。

2）控制受烘烤时间。例如，靠近大功率灯泡旁的易燃物烘烤时间过长，就会引起燃烧。

3）注意用电安全。禁止乱拉、乱扯电线，超负荷用电等。

（2）在施工现场不得占用、堵塞或封闭安全出口、疏散通道和消防车通道。

（3）不得埋压、圈占、损坏、挪用、遮挡消防设施和器材。

3. 灭火器具的选择和使用

（1）扑救固体物质火灾，可选用清水灭火器、泡沫灭火器、干粉灭火器（ABC干粉灭火器）、卤代烷灭火器。

（2）扑救可燃液体火灾或带电燃烧的火灾，应选用干粉灭火器、二氧化碳灭火器。

（3）扑灭可燃气体火灾，应选用干粉灭火器、卤代烷灭火器、二氧化碳灭火器。

（4）扑灭金属火灾，应选用粉状石墨灭火器、专用干粉灭火器，也可用沙土或铸铁屑末代替。

4. 常用灭火器的使用方法

（1）二氧化碳灭火器的使用方法

将灭火器提到距着火点 5m 左右，拔出保险销，一手握住喇叭形喷筒根部的手柄，把喷筒对准火焰，另一只手压下启闭阀的压把，二氧化碳就会喷射出来。当可燃液体呈流淌状燃烧时，应将二氧化碳射流由近而远向火焰喷射；如扑救容器内可燃液体火灾时，应从容器上部的一侧向容器内喷射，但不能将二氧化碳射流直接冲击到可燃液面，以免将可燃液体冲出容器而扩大火灾。

（2）干粉灭火器的使用方法

在灭火时，将干粉灭火器提到距火源的适当位置，先提起干粉灭火器上下摆动，使干粉灭火器内的干粉变得松散，然后让喷嘴对准燃烧最猛烈处，拔掉保险销，一只手拿喷管对准火焰根部，另一只手用力压下压把，拿喷管左右摆动，干粉便会在气体的压力下由喷嘴喷出，形成浓云般的粉雾而使火熄灭。

（3）泡沫灭火器的使用方法

泡沫灭火器能喷射出大量的二氧化碳及泡沫，使其粘附在可燃物上，将可燃物与空气隔绝，达到灭火目的。泡沫灭火器主要适用于扑灭油类及木材、棉布等一般物质的初起火灾，但不能扑救带电设备和醇、酮、酯、醚等有机溶剂的火灾。

1）化学泡沫灭火器，应将筒体颠倒过来，一只手握紧提环，另一只手握住筒体的底圈，将射流对准燃烧物。在使用过程中，灭火器应当始终处于倒置状态，否则会中断喷射。

2）空气泡沫灭火器，应拔出保险销，一手握住开启压把，另一只手紧握喷枪，用力捏紧开启压把，打开密封或刺穿储气瓶密封片，空气泡沫即可从喷枪中喷出。在使用时，灭火器应当是直立状态，不可颠倒或横卧使用，也不能松开压把，否则会中断喷射。

5. 施工现场消防安全教育与培训

（1）消防安全教育和培训的基本内容

进场时，施工现场的安全管理人员应向施工人员进行消防安全教育和培训，其内容应包括：

1）施工现场消防安全管理制度、防火技术方案、灭火及应急疏散预案的主要内容；

2）施工现场临时消防设施的性能及使用、维护方法；

3）扑灭初起火灾及自救逃生的知识和技能；

4）报警、接警的程序和方法。

（2）消防安全技术交底

施工作业前，施工现场的施工管理人员应向作业人员进行消防安全技术交底，其主要内容应包括：

1）施工过程中可能发生火灾的部位或环节；

2）施工过程应采取的防火措施及应配备的临时消防设施；

3）初起火灾的扑救方法及注意事项；

4）逃生方法及路线。

6. 高空作业机械施工现场消防安全管理

高空作业机械施工现场的火灾易发因素，主要有电焊气割作业、油漆涂装作业、设备电控系统使用及施工人员临时宿舍等。

（1）电气焊割作业

1）电、气焊作为特殊工种，操作人员必须持证上岗，焊割前应该向单位安全管理部门申请用火证方可作业；

2）焊割作业前应清除或隔离周围及上下的可燃物，并严格落实监护措施；

3）焊割作业现场应配备足够的灭火器材；

4）作业完后，应认真检查现场，防止阴燃着火。

（2）油漆涂装作业

1）作业场所严禁一切烟火；

2）在作业平台上应配备相应的数量和特性的灭火器材；

3）在专项施工方案中应规定作业平台上允许的油漆和稀料的易燃物的最大携带量；

4）清除作业平台上的其他易燃物。

（3）设备电控系统使用

1）作业平台不得超负荷运行；

2）应对电控系统设置充分的过热和短路保险装置；

3）应对电器设备进行经常性的检查，查看是否存在短路、发热和绝缘损坏等情况并及时处理；

4）电器设备在使用完毕后应及时切断电源，锁好电箱。

（4）施工人员临时宿舍

1）临时宿舍不准存放易燃易爆物品；

2）不准使用电炉等大功率用电器和私拉乱接电源；

3）不准使用可燃物体做灯罩；

4）夏季使用蚊香务必放在金属盘内，并与可燃物保持一定的距离；

5）冬季在取暖设备周边烘烤衣物必须保持足够的安全距离。

7. 高空作业机械施工现场火灾救援应急预案

（1）在高空作业机械专项施工方案中，应专门设计现场火灾救援应急预案，其内容应包括建立施工现场应急救援小组。

（2）发现火情，现场施工人员要保持清醒，切莫惊慌失措。如果火势不大，尚未对人员造成很大威胁，而且周围有足够的消防器材时，应奋力将小火控制，及时扑灭。

（3）如果发现火势较大或越烧越旺，有被困火灾现场危险时，应立即切断设备电源，拨打消防火警电话（119 或 110）报警，并且迅速报告现场应急救援小组。然后利用周围一切可利用的条件设法脱险逃生。

（4）现场应急救援小组应组织有关人员赶赴现场进行救援。应本着"先救人，后救物"原则，迅速组织火灾现场施工人员逃生。同时，安排专人疏通或开辟消防通道，接应消防车及时有效救火。

（5）应急救援小组接到报警或发现火情后，应尽快安排人员切断周边有关电源，关闭有关阀门，迅速控制可能加剧火灾蔓延的部位，以减少可能蔓延的因素，为迅速扑灭火灾创造条件。

五、施工现场急救常识

在施工过程中，难免发生各类工伤事故。为了能够迅速采取科学有效的急救措施，保障人的生命健康和财产安全，防止事故扩大，掌握一些施工现场急救常识是十分必要的。

1. 施工现场急救的定义

施工现场急救，即事故现场的紧急临时救治，是发生施工生产安全事故时，在医生未到达现场或送往医院前，利用施工现场的人力、物力对急、重、危伤员，及时采取有效的急救措施，以抢救生命，减少伤员痛苦，防控伤情加重和并发症，为进一步救治做好前期准备。进行施工现场急救时，应遵循"先救命后治伤，先救重后救轻"的原则，果断施行救护措施。

2. 施工现场急救的基本步骤

施工现场急救，通常按照以下几个步骤进行：

（1）确保现场环境安全并及时呼救

发生伤害事故后，施工现场人员要保持冷静，为了保障自身、伤员及其他人的安全，应首先评估现场的危险性；如有必要，应迅速转移伤员至安全区域。当确保现场环境安全后，应迅速拨打 120 急救电话，并通知相关管理人员。

（2）迅速检查伤员的生命体征

检查伤员意识是否清醒、气道是否畅通、是否有脉搏和呼吸、是否有大出血等可能致命的因素，有条件者可测量血压。然后，查看局部有无创伤、出血、骨折、畸形等情况。

（3）采取急救措施

对伤员采取急救措施时，优先处理以下几种情况：

1）为没有呼吸或心跳的伤病员进行心肺复苏；

2）为出血量大的伤者进行止血包扎；

3）处理休克和骨折的伤病员。

在救护者施救的同时，其他人应协助疏散现场旁观人员，保护事故现场，引导救护车，传递急救用品等。

（4）迅速送往医院

救护车到达现场后，应协助医护人员迅速将伤病员送往医院，进行后续救治。

第二章 擦窗机产品基本知识

第一节 概　　述

擦窗机是用于建筑物清洗和维护的专用设备,在欧美20世纪30年代已开始应用。随着我国改革开放的发展,20世纪80年代初国内开始兴建高层高档酒店,擦窗机在北京、上海、广州开始从国外进口安装应用。20世纪90年代初,国内开始从事擦窗机的设计、生产和安装,发展到至今已有十多家擦窗机专业公司,年生产量达500台套,每年安装的建筑达200栋左右。

随着我国高档酒店、写字楼的迅猛发展,对建筑外立面清洗维护要求的不断提高,擦窗机产品已得到广泛使用。为保证擦窗机产品的安全使用和安全管理,对擦窗机操作工、安装工和维修工进行必要的职业技能培训和提升工作,对擦窗机产品的型式、基本原理、安全部件要求、安全操作规程等能够有全面理解和掌握,减少和杜绝恶性事故的发生,具有重要的现实意义。

第二节 擦窗机产品主要术语

从业人员首先应理解擦窗机方面的相关专业术语知识,才能全面掌握擦窗机方面的基本原理和相关技术要求、安全操作和使用等方面的要求。

1. 擦窗机/常设悬挂接近设备/BMU

用于建筑物或构筑物窗户和外墙清洗、维修等作业的常设悬挂接近设备(简称BMU),主要由台车、吊船、轨道系统组成(图2-1)。

图 2-1　擦窗机系统

2. 合格人员

经过培训，具有合格的知识和实践经验，经过必要的指导有能力安全地完成所需工作的指定人员。

3. 操作者（操作工）

经过高空作业培训，具有合格的知识和实践经验，经过必要的指导有能力进行安全操作擦窗机的指定人员。

4. 卷扬式起升机构

在卷筒上缠绕单层或多层钢丝绳，依靠卷筒驱动钢丝绳使吊船上下运行的机构。

5. 爬升式起升机构

依靠钢丝绳和驱动绳轮间的摩擦力驱动钢丝绳使吊船上下运行的机构，钢丝绳尾端无作用力。

6. 额定速度

载有额定载重量的吊船，施加额定动力，在行程大于 10m 的条件下所测量到的上升和下降的平均速度。

7. 主制动器

靠储存能量（如弹簧力）自动施加作用力，直至在操作者或自动控制下靠外部动力（通常是电磁力、液压力、气动力）使其释放的机械式制动器。

8. 后备装置

在紧急情况下（如工作钢丝绳断裂或起升机构失效）停止吊

船下降的装置。

9. 防坠落装置／安全锁

直接作用在安全钢丝绳上，可自动停止和保持吊船位置的装置，为后备装置的一种形式。

10. 后备制动器

直接作用在卷筒或驱动盘、驱动轴端，可自动停止和保持吊船位置的装置，为后备装置的一种形式，也称后备超速保护装置。

11. 防倾斜装置

检测并防止吊船沿纵向倾斜超过预设角度的装置。

注：规定沿吊船宽度方向为横向（垂直立面方向），沿吊船长度方向为纵向。

12. 无动力下降装置

动力驱动的吊船在失电情况下，可控制吊船手动下降的装置。

13. 收绳器

用于缠绕储存钢丝绳的卷筒。

14. 电缆卷筒

用于缠绕储存电缆的卷筒。

15. 吊船上安装的起升机构

安装在吊船内用于起升和下降吊船的机构。此机构通常为爬升式提升机。

16. 悬挂装置上安装的起升机构

安装在屋面悬挂装置（如台车）上用于起升和下降吊船的机构。

17. 物料（辅助）起升机构

独立于吊船，安装在悬挂装置（如台车）上用于起升和下降物料的机构。

18. 超载检测装置

当悬挂在钢丝绳上的载荷达到运行限制值时，可检测和自动停止吊船上升运动的装置。

19. 运行限制值

导致超载检测装置动作的静载荷。

20. 悬挂吊船／吊船

通过钢丝绳悬挂于空中，四周装有围板或网板，用于搭载操作者、工具和物料的工作装置（简称吊船）。

21. 单吊点吊船

通过钢丝绳与一个悬挂点连接的吊船。

22. 双吊点吊船

通过钢丝绳与两个悬挂点连接的吊船。

23. 多吊点吊船

通过钢丝绳与三个或多个悬挂点连接的非铰接式吊船。

24. 悬臂吊船

底板延伸超出悬挂点的吊船。

25. 悬吊座椅

通过钢丝绳与一个悬挂点连接，用于单人作业的座椅。

26. 约束系统将吊船与建筑物的竖向导轨或锚固约束点连接的系统，以限制吊船在风力作用下的横向和纵向摆动。

27. 工作钢丝绳约束系统

安装在建筑物上一系列垂直排列的连接点，下降时与钢丝绳上的索环连接以引导吊船，上升时解除连接。

28. 手动滑降性能

手动释放起升机构主制动器，依靠吊船内的载荷和其自重，在可控速度下使吊船匀速下降的功能。

29. 防撞杆

吊船向下（或向上）运行，碰到障碍物时，能自动切断向下（或向上）运行动力的装置。

30. 作业高度

吊船作业的最高点与自然地平面的垂直距离。

31. 总悬挂载荷

施加在悬挂装置悬挂点的静载荷，由吊船的额定载重量和吊船、附属设备、钢丝绳和电缆的自重等组成。

32. 额定载重量

由制造商设计的吊船能够承受的由操作者、工具和物料组成的最大工作载荷。

33. 极限工作载荷

由制造商设计的其设备一部分允许承受的最大载荷。

34. 静载试验

其试验过程为：检查设备或设备一部分，并在其上施加等于极限工作载荷乘以相应的静载试验系数的载荷，卸载后重新检查设备以确认有无发生损坏。

35. 动载试验

其试验过程为：设备或设备一部分在极限工作载荷乘以相应的动载试验系数的载荷作用下，对所有可能的配置进行动载特性方面的操作观察，以检查设备和其安全装置是否正常。

36. 起升循环

吊船开始从地面上升（或屋面下降）再回到起始点的过程。

37. （钢丝绳）安全系数

钢丝绳的最小破断拉力与最大工作静拉力的比值。

38. （钢丝绳）最小破断拉力

制造商确认的钢丝绳最小破断载荷。

39. 工作钢丝绳／悬挂钢丝绳

承担悬挂载荷的钢丝绳。

40. 安全钢丝绳／后备钢丝绳

通常不承担悬挂载荷，装有防坠落装置的钢丝绳。

41. 单作用钢丝绳悬挂系统

两根钢丝绳固定在同一悬挂位置，一根承担悬挂载荷，另一根为安全钢丝绳。

注：吊船内安装提升机采用此悬挂系统。

42. 双作用钢丝绳悬挂系统

两根钢丝绳固定在同一悬挂位置，每根承担部分悬挂载荷。

注：悬挂装置上安装卷扬式起升机构采用此悬挂系统。

43. 悬挂装置

作为设备的一部分用于悬挂吊船的装置（不包括轨道系统）（图 2-2、图 2-3）。

图 2-2　轨道式擦窗机悬挂装置

图 2-3　插杆式擦窗机悬挂装置

44. 台车

安装有行走轮可在轨道上（或特制的刚性表面）行走，用于支撑吊船的装置。

45. 爬轨器

安装有行走轮可沿悬挂轨道行走，用于悬挂吊船的装置。

46. 悬挂点

悬挂装置上用于独立固定钢丝绳、导向滑轮或起升机构的设定位置。

47. 插杆

锚固在屋面或类似静止结构上用于悬挂工作钢丝绳和安全钢丝绳的装置。

48. 轨道

安装在建筑物或构筑物某一层面（或立面），支撑并引导台车（或爬轨器）行走的装置。

49. 轨道支撑

屋面层或立面上支撑轨道的支柱或悬臂梁。

50. 导向轨道

通常安装在屋面层，以引导悬挂装置（如台车）行走的轨道。

注：轮载式擦窗机常采用此导向轨道。

51. 悬挂单轨

通常悬挑安装于建筑物的立面或层面下部，承受悬挂载荷并引导悬挂装置（如爬轨器）行走的轨道。

52. 起升／提升

使吊船向更高层面运动的操作。

53. 下降

使吊船向更低层面运动的操作。

54. 吊船回转

吊船绕自身垂直轴的水平旋转运动。

55. 悬挂装置／吊臂回转

悬挂装置绕垂直轴的水平旋转运动。

56. 行走

台车（或爬轨器）沿轨道方向的运动。

57. 俯仰

吊臂绕水平轴上下旋转运动，用于吊船的定位。

58. 吊臂伸缩

吊臂伸出或缩回的运动，用于吊船的定位。

59. 限位装置

限制运动部件或装置超过预设极限位置的装置。

第三节 擦窗机型式与主参数

1. 型式

按安装方式分为：屋面轨道式、轮载式、悬挂轨道式、插杆式、滑梯式。

注：滑梯式擦窗机是一种非钢丝绳悬挂的接近设备，但其功能与擦窗机相同，因此将其列为擦窗机的一种型式。

2. 主参数及其系列

擦窗机的主参数为额定载重量。主参数系列见表 2-1。

主参数系列（kg） 表 2-1

名称	主参数系列
额定载重量	120、150、200、250、300、400、500、630、800、1000

3. 标记示例

示例 1：额定载重量 200kg，屋面轨道式擦窗机，标记为：擦窗机 CWG200

示例 2：额定载重量 300kg，屋面轨道式伸缩臂擦窗机，标记为：擦窗机 CWGS300

示例 3：额定载重量 250kg，轮载式擦窗机，标记为：擦窗机 CLZ250

示例 4：额定载重量 250kg，悬挂轨道式擦窗机，标记为：擦窗机 CUG250

示例 5：额定载重量 200kg，插杆式擦窗机，标记为：擦窗机 CCG200

示例 6：额定载重量 400kg，滑梯式擦窗机，标记为：擦窗机 CHT400

第三章 轨道式擦窗机基本构造

第一节 结 构 简 图

轨道式擦窗机如图 3-1、图 3-2 所示。

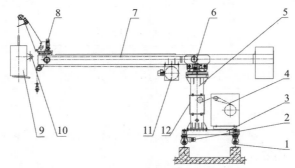

图 3-1 屋面轨道式擦窗机

1—轨道；2—行走机构；3—底架；4—起升机构；5—立柱；
6—主臂回转机构；7—吊臂；8—臂头回转机构；9—吊船；
10—靠墙轮；11—物料起升机构；12—电气控制系统

图 3-2 工程照片图示

第二节 主要部件组成及工作原理

一、行走机构基本组成

1. 基本组成

如图3-3所示，行走机构一般由2套驱动轮、2套行走轮组成。对于重量大于60t以上的特大型擦窗机设备，为降低擦窗机轮压，经常采用4套行走轮、4套驱动轮型式。

图3-3 驱动轮、行走轮

2. 工作原理

电机减速机→驱动→支撑滚轮运行；行走机构上的立轴→与擦窗机底架连接→驱动擦窗机水平运行。

行走机构上安装有导向轮→使擦窗机整机沿轨道运行，擦窗机运行速度一般为7～10m/min。

行走轮机构上安装有防倾翻钩板，防止擦窗机整机倾覆。

二、卷扬起升机构

1. 基本组成

由电机减速机、卷筒总成、钢丝绳、排绳机构、导向滑轮、超速保护装置、松绳保护装置、压绳保护装置、排绳机构限位保护装置、吊船升降限位保护装置等组成。

随着擦窗机技术的进步和发展，2002 年左右，擦窗机卷扬机构钢丝绳由单层缠方式发展到多层缠绕方式。2010 年后，随着技术的改进和生产工艺的优化，擦窗机卷扬机构开始广泛采用多层缠绕技术，达到了部件批量化生产，擦窗机产品可靠性和安全性逐步得到提高，同时卷扬机构的体积相比单绳缠绕大大缩小。

2. 工作原理

如图 3-4 所示，电机减速机→驱动→卷筒转动→排绳机构使钢丝绳整齐缠绕排列到卷筒上→钢丝绳通过滑轮连接到吊船→使吊船→上升或下降，吊船升降速度一般为 8m/min 左右。

钢丝绳

驱动电机

卷筒

图 3-4　卷扬起升机构

三、主机（台车）回转机构

1. 基本组成

如图 3-5、图 3-6 所示，由电机减速机、回转小齿轮、回转大齿轮（回转支撑）、回转限位机构组成。

2. 工作原理

电机减速机→驱动小齿轮→带动大齿轮→台车（或大臂）左右回转→吊船放出屋面。

主机回转速度（臂头线速度）：8 ～ 10m/min。

图 3-5 台车上回转机构　　　　　图 3-6 台车下回转机构

四、臂头回转机构

1. 基本组成

如图 3-7 所示，由电机减速机、回转小齿轮、回转大齿轮（回转支撑）、回转限位机构组成。

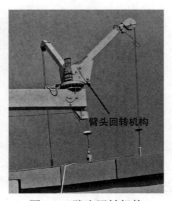

图 3-7 臂头回转机构

2. 工作原理

擦窗机大臂转出屋面后→臂头电机减速机→驱动小齿轮→带动大齿轮→臂头左右回转→使吊船长边（靠墙轮一侧）→平行立面后→吊船开始下降。

臂头回转速度：2 ～ 3m/min。

五、伸缩臂／俯仰变幅机构

1. 基本组成

（1）液压型式：液压系统、变幅油缸等组成（图3-8）。

图3-8　液压俯仰变幅机构

（2）齿轮齿条型式：由电机减速机、驱动齿轮、固定于大臂底部的齿条等组成（图3-9、图3-10）。

（3）钢丝绳／链条型式：电机减速机、钢丝绳／链条传动系统组成。

图3-9　液压俯仰变幅＋伸缩臂变幅机构

图 3-10　多级伸缩臂变幅机构

2. 工作原理

擦窗机臂长大于 10m 以上；或停机位尺寸较小，或设备轨道布置在建筑屋面中心区域等要求的擦窗机臂长较长时，宜采用伸缩臂型，伸缩臂速度：2 ～ 3m/min。

电机减速机→驱动→小齿轮→齿条→大臂伸出／缩回。

或：电机减速机→驱动→链条伸缩机构／钢丝绳伸缩机构→大臂伸出／缩回。

或：液压系统→油缸伸出／或缩回→大臂伸出／缩回。

六、立柱升降机构

1. 基本组成

如图 3-11、图 3-12 所示，由内立柱、外立柱、液压系统等组成。

2. 工作原理

油缸缸体铰点安装于外立柱、活塞杆铰点安装于内立柱上部。油缸上升→内立柱伸出→大臂高于女儿墙→主机台车回转→吊船放出屋面。

大臂回转至屋面→油缸缩回→内立柱缩回→设备整体高度降低→设备停机时隐藏。

立柱升降速度：$2 \sim 3m/min$。

图 3-11　立柱升降机构

图 3-12　二级立柱升降

七、四连杆机构

1. 基本组成

如图 3-13 所示，由四连杆、液压系统组成。

2. 工作原理

油缸伸出 / 缩回→四连杆→展开 / 缩回→大臂抬高 / 降低→

适合女儿墙相对较低的设备停机位隐藏。

图 3-13　四连杆机构

八、物料起升机构

1. 基本组成

独立于主机卷扬机构的第二套起升机构，单独用于起吊玻璃板块等物料。如图 3-14 所示，由电机减速机、卷筒组成。

图 3-14　物料起升机构

2. 工作原理

电机减速机→卷筒转动→钢丝绳收放→运行速度: 8～10m/min,

基本与吊船同步。

九、吊船

基本组成（图3-15、图3-16）

一般由铝合金材料制成，为减小风载影响，封板表面开网孔。

吊船工作面设置了靠墙缓冲保护轮，避免工作中吊船晃动对立面幕墙等冲击。

吊船内设置了超载保护装置；吊船下部设置了防撞杆保护装置。

图3-15 轨道式擦窗机用吊船

图3-16 吊船内安装提升机
（自爬升吊船-插杆式、悬挂式用）

第四章 轮载式擦窗机

第一节 结 构 简 图

轮载式擦窗机如图 4-1 所示。

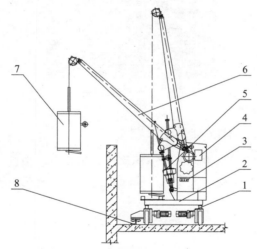

图 4-1 轮载式擦窗机简图
1—行走机构；2—底架；3—电气控制系统；4—起升机构；
5—变幅机构；6—吊臂；7—吊船；8—导向轨道

第二节 主要部件组成及工作原理

一、轮载式擦窗机的安装条件

（1）刚性混凝土屋面。

（2）如图 4-2 所示，驱动轮、行走轮均为实心胶轮，以减小对屋面的损坏。

图 4-2　轮载式擦窗机

二、部件组成及工作原理

轮载式擦窗机主要部件类同轨道式擦窗机，由行走机构、底架、卷扬起升机构、大臂、吊船、导向轨道、电气系统等组成。

第五章 悬挂式擦窗机

第一节 结 构 简 图

悬挂式擦窗机如图 5-1 所示。

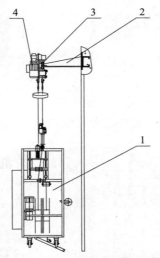

图 5-1 悬挂轨道式擦窗机简图

1—吊船；2—轨道支架；3—悬挂轨道；4—爬轨器

第二节 主要部件组成及工作原理

1. 爬轨器、轨道

双人吊船配置 2 个爬轨器，单人吊船配置 1 个爬轨器。

如图 5-2 所示，自爬升吊船通过吊点与爬轨器连接，爬轨器将吊船水平运输至需要工作的立面处。

图 5-2　悬挂式擦窗机

2. 自爬升吊船

如图 5-3 所示，自爬升吊船由篮体、提升机、安全锁、收绳器、2 根动力钢丝绳、2 根安全钢丝绳、电气系统组成。

图 5-3　吊船内安装提升机—自爬升吊船

吊船由提升机驱动上下运行；当平台倾斜角度大于 14°，或动力钢丝绳断裂，安全锁自动锁绳起保护作用；收绳器在吊船上升或下降中收放钢丝绳。

提升机、安全锁必须按照原制造商的要求进行维护保养。

第六章 插杆式擦窗机

第一节 结 构 简 图

插杆式擦窗机如图 6-1 所示。

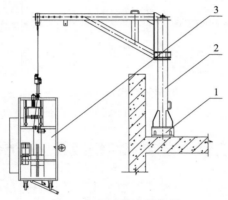

图 6-1 插杆式擦窗机简图
1—插杆基座；2—插杆；3—吊船

第二节 主要部件组成及工作原理

（1）插杆基座：方案确定后，按照施工要求进行预埋。

（2）插杆：用于悬挂吊船的悬挂装置，双吊点吊船采用 2 根插杆。

插杆上部可以回转，工作时向外转出，移位时横梁转回屋面，拆卸与基座连接销轴后重新安装。

（3）自爬升吊船的结构与原理：与悬挂式相同。

第七章　滑梯式擦窗机

第一节　结　构　简　图

滑梯式擦窗机如图 7-1 所示。

图 7-1　滑梯式擦窗机简图

1—台架；2—行走机构；3—轨道

第二节　主要部件组成及工作原理

如图 7-2 所示，滑梯式擦窗机无钢丝绳悬挂吊船系统，但其功能与其他型式擦窗机类同。由轨道系统、操作者站立的台架、电机驱动行走机构组成，用于幕墙天窗的检修和维护作业。

图 7-2　滑梯式擦窗机

第八章 轨道式擦窗机安全保护装置
及技术性能要求

第一节 概　　述

擦窗机为高空载人悬挂作业设备，工况条件复杂，从可靠性要求和安全使用综合考虑，设置的安全保护装置：

（1）电机主制动保护装置；

（2）后备超速保护装置；

（3）钢丝绳防松（防断绳）保护装置；

（4）钢丝绳压绳保护装置；

（5）排绳机构断链保护装置；

（6）排绳机构限位保护装置；

（7）起升机构上升限位及极限限位保护装置；

（8）超载保护装置；

（9）防撞杆保护装置；

（10）回转限位及极限限位保护装置；

（11）大臂俯仰、伸缩和立柱升降限位保护装置；

（12）停电手动释放保护装置；

（13）斜爬台车防坠落保护装置。

第二节　安全保护装置技术性能要求

一、电机主制动保护装置

擦窗机系统中，卷扬驱动电机、行走驱动电机、回转驱动电机、伸缩臂驱动电机等，均选用制动电机。

如图 8-1 所示，卷扬驱动电机通电时（工作时），制动器自动打开，断电时制动器自动吸合保持制动状态，是卷扬系统中第一道安全保护装置，所以称作主制动保护装置。

图 8-1　电机主制动器

1. **起升机构应安装主制动器。在下列情况下应自动起作用：**
（1）施加在曲柄或手柄的手动作用力终止；
（2）主动力源失效；
（3）控制电路的动力源失效。

2. **技术性能要求：**
（1）单向传动箱不能作为制动器使用。
（2）当起升机构承载 1.25 倍的极限工作载荷、吊船按额定速度运行时，主制动器应能在 100mm 的距离内制动住吊船。
（3）当起升机构静态承载 1.5 倍的极限工作载荷达 15min，主制动器应无滑移或蠕动现象。

（4）制动器内衬材料应是不可燃的。

（5）制动器单元和内衬应设计在一个密封的壳体内以防止润滑剂、水、灰尘和污染物的进入。

（6）禁止现场自行调整主制动器摩擦片间隙。当主制动器出现制动滑移等现象，必须通知原电机厂家进行专业维修。

二、后备超速保护装置

当卷扬系统中电机主制动器失灵，或减速机齿轮传动失效，或卷筒齿轮传动失效等一旦发生，卷筒在吊船自重和载荷的作用下，出现超速下降，后备制动器制动卷筒轴，防止发生吊船坠落事故（图 8-2）。

图 8-2　后备超速保护装置

后备超速保护装置应符合以下要求：

（1）吊船下降速度大于 30m/min 时，后备制动器应自动起作用。

（2）后备制动器的设计应限制其冲击载荷系数 S_d 值应小于或等于 3。

（3）后备制动器 3 次坠落试验应无失效。

（4）后备制动器起作用使吊船停止时，吊船纵向倾斜角度应不大于 14°；吊船下降距离应不大于 500mm。

（5）后备制动器只可用于超速情况下防止吊船坠落。

（6）后备制动器应为机械式。

（7）对动力起升机构，后备制动器应设置断电开关以切断主电源。

（8）后备制动器应可测试和复位。承载时后备制动器不可手动释放。后备制动器在复位后可立即使用并不降低性能。

（9）预设动作速度后，后备制动器应防止未授权的重新设置（如采用铅封）。

三、钢丝绳防松（防断绳）保护装置

卷筒转动，钢丝绳通过排绳机构缠绕在卷筒上。当其中一根钢丝绳松动或断裂，钢丝绳防松压轮杆摆动触发限位开关，停止卷扬机构运行，起到安全保护作用（图8-3）。

图8-3 松绳保护装置

四、钢丝绳压绳保护装置

卷筒转动，钢丝绳通过排绳机构缠绕在卷筒上。当其中一根钢丝绳乱绳堆积超过设定值时，压绳杆摆动触发限位开关，停止卷扬机构运行，起到安全保护作用（图8-4）。

图 8-4　压绳保护装置

五、排绳机构断链保护装置

排绳机构带动卷筒做横向摆动往复运动，如出现卡滞等现象，运行中阻力增加，链条先行断裂，保护开关断电，以达到保护整个排绳机构的安全性（图 8-5）。

图 8-5　断链保护装置

六、排绳机构限位保护装置

限制排绳机构终端限位的装置，以达到限制钢丝绳在卷筒上的容绳量（图 8-5）。

七、起升机构上升限位及极限限位保护装置

如图 8-6 所示，当吊船上升至最高位置时，限位保护开关动作，防止吊船上升，此时吊船可以下降。当吊船上限位动作后，擦窗机方可以进行行走、回转运行。

图 8-6　上升限位及极限限位装置

当起升机构上限位保护失效时，吊船继续上升，极限限位保护开关起作用，吊船停止上升及下降动作，切断总电源开关，此时必须由专业维修工检修后复位。

起升与下降限位开关设置的技术性能要求：

（1）应安装起升限位开关并正确定位。吊船在最高位置时自动停止上升；起升运动应在接触终端极限起升限位开关之前停止。起升限位开关在设备控制系统中以防止或允许悬挂装置回转、行走、俯仰以及吊臂的伸缩。

（2）应安装下降限位开关并正确定位。吊船在最低位置时自动停止下降；如最低位置是地面或安全层面，防撞杆装置可认为是下降限位开关。在最低位置，吊船应在钢丝绳终端极限限位开关接触之前停止。

（3）应安装终端起升极限限位开关并正确定位。吊船在到达工作钢丝绳极限位置之前完全停止。在其触发后，除非合格人员采取纠正操作，吊船不能上升与下降。

（4）起升限位开关与终端极限限位开关应有各自独立的控制装置。

八、超载保护装置

如图 8-7 所示，当吊船内的额定载重量达到运行限制值时，超载保护装置起作用，超载蜂鸣器报警，停止吊船上升运动，此时吊船可以下降，卸载超载量后，起升机构才可以正常运行。

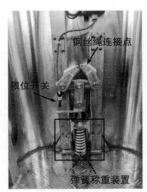

图 8-7　超载保护装置

超载保护装置的设置，应满足以下技术要求：

（1）擦窗机应安装超载检测装置，应能检测吊船上操作者、装备和物料的载荷，以避免由于超载造成的人员危险和机械损坏。

（2）每个起升机构上都应安装超载检测装置。

（3）在使用过程中应可检测到吊船上升、下降或静止时的超载。

（4）超载检测装置应在达到吊船 1.25 倍额定载重量时或之前触发。

（5）超载检测装置一旦动作，将停止除下降以外的所有运动直至超载载荷被卸除。

（6）当超载检测装置触发时，超载指示器将持续发出视觉或听觉信号警示吊船上的操作者。

（7）超载检测装置预置的元件应采取保护措施以防止未经授

权的调整。

（8）超载检测装置的设计应进行静载和动载试验：

1）卷扬式起升机构的超载检测装置应能在 1.6 倍的额定载重量的载荷范围内工作，超载检测装置应可承受吊船 3 倍的额定载重量的静载而不会损坏。

2）爬升式提升机超载检测装置应能在 1.6 倍的极限工作载荷的载荷范围内工作，超载检测装置应可承受提升机 3 倍的极限工作载荷的静载而不会损坏。

九、防撞杆保护装置

如图 8-8 所示，吊船向下运行中，吊船下部防撞杆碰到立面凸出开启窗、阳台等，限位保护开关起作用，停止吊船下降运行，防止吊船倾翻。

图 8-8　防撞杆保护装置

十、回转限位及极限限位保护装置

如图 8-9 所示，主机回转机构、臂头回转机构的运行超出运行限制范围时，回转限位开关起作用，防止大臂碰撞楼面建筑物或保护钢丝绳在立柱和大臂导向中的扭曲缠绕，此时可以反向回转；当回转限位失效时，极限限位保护装置起作用，切断总电源，此时必须由专业维修工进行检修后复位。

图 8-9　回转限位保护装置

十一、大臂俯仰、伸缩和立柱升降限位保护装置

如图 8-10、图 8-11 所示，俯仰型变幅机构、水平伸缩型变幅机构、立柱升降机构从安全性考虑，均设计有运行范围内的限位开关保护；水平伸缩臂并设置有机械挡块极限限位保护。

图 8-10　俯仰变幅限位保护装置

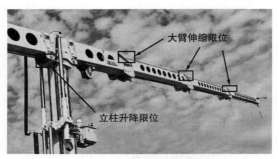

图 8-11　立柱升降与伸缩限位保护装置

十二、停电手动释放保护装置（无动力下降装置）

如图 8-12 所示，当停电或电气故障时，手动拨动卷扬电机制动器松闸手柄，可以在小于额定降速度状态下，使吊船慢速下降至安全层面。

图 8-12　停电手动释放装置

停电手动释放装置（无动力下降装置）应符合以下技术要求：

（1）所有起升机构应有手动下降装置，在吊船动力源失效时使其在合理时间内可控下降。操作者应在屋面或吊船上方便接近此装置。

（2）手动下降装置应可自动复位，最小下降速度为起升机构额定运行速度的20%。

（3）为控制下降速度，无动力下降宜使用可控制速度的离心式限速器，使可控下降速度低于后备装置的触发速度，否则后备装置将触发。

（4）安装于悬挂装置上的两个独立驱动的起升机构，应使吊船在无动力下降时，任何情况下纵向倾斜角度不大于14°。

（5）无动力下降装置的设计应能防止机身任何部分制约其装置的操作（诸如实心手轮、电子联锁，使用曲柄时动力中断）。

（6）后备装置应在无动力下降过程中保持有效。

十三、斜爬台车防坠落保护装置

如图8-13所示，擦窗机在倾斜屋面行走时，为防止斜爬驱动机构失效发生整机坠落事故，驱动机构必须设置防坠落保护装置。

图8-13　斜爬行走台车防坠落保护装置

第九章 悬挂式、插杆式安全保护装置及技术要求

第一节 概 述

悬挂式、插杆式擦窗机均采用自爬升吊船，采用高处作业吊篮用提升机作为升降机构（图9-1）。

图9-1 提升机图示

设置的安全保护装置（图9-2）：

（1）电机主制动保护：功能要求同轨道式擦窗机；

（2）防坠落保护装置（安全锁）；

（3）超载保护装置：功能要求同轨道式擦窗机；

（4）吊船升降限位保护装置：功能要求同轨道式擦窗机；

（5）停电手动释放装置：功能要求同轨道式擦窗机。

图 9-2　自爬升吊船安全装置

第二节　安全锁技术性能要求

单吊点吊船采用：离心式安全锁（也称防坠落装置）。

双吊点吊船通常采用：摆臂式安全锁（也称防倾斜装置）。如图 9-3 所示。

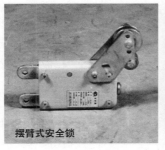　

摆臂式安全锁　　　离心式安全锁

图 9-3　安全锁

一、离心式安全锁技术性能要求

（1）当工作钢丝绳失效（断裂）、吊船下降速度大于 30m/min

等情况发生时，安全锁应能自动起作用。

（2）安全锁与设备整体一起试验，应满足下列要求：

承受 3 次坠落试验，设备零部件无断裂；

3 次试验中，每次测到的冲击载荷系数 S_d 均小于或等于 3；

3 次试验中，每次的下降距离均小于 500mm，且吊船倾斜角度不大于 14°。

（3）安全锁作为独立部件在试验装置上进行试验，应满足下列要求：

安全锁与钢丝绳可承受 3 次坠落无断裂；

3 次试验中，每次测到的冲击载荷系数 S_d 均小于 5；

3 次试验中，每次的下降距离均小于 500mm。

（4）在吊船正常工作时安全锁不应动作。

（5）安全锁应为机械式。

（6）安全锁应可测试和复位，在复位后可立即使用并不降低性能。

（7）承载时不应手动释放安全锁。

（8）安全锁起作用后允许提升机起升吊船。

（9）安全锁在锁绳状态下应不能自动复位。

二、摆臂式安全锁技术性能要求

（1）装有 2 台或多台独立提升机的起升机构应安装自动防倾斜装置，当吊船纵向倾斜角度大于 14° 时，应能自动停止吊船的升降运动。此装置可为电子式或机械式。

（2）电子防倾斜装置触发时应有以下功能：

1）上升时，停止较上部（高端）提升机的上升动作；

2）下降时，停止较下部（低端）提升机的下降动作。

（3）机械防倾斜装置（摆臂式安全锁）应有以下功能：

吊船内安装提升机时，摆臂式安全锁应能自动限制吊船纵向倾斜角度不大于 14°。此装置为独立作用装置，无需向控制系统有关安全部件输出电信号。

第十章 钢丝绳约束系统要求

第一节 概　　述

（1）用于室外受风力影响的擦窗机，工作高度大于 60m 且工作钢丝绳长度超过 20m 时，宜安装钢丝绳约束系统，减小吊船的纵向和横向摆动，以达到安全可靠使用的目的。

（2）钢丝绳约束系统如图 10-1 ～图 10-3 所示。

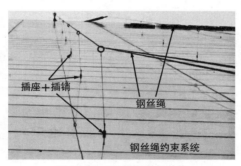

图 10-1　钢丝绳约束系统

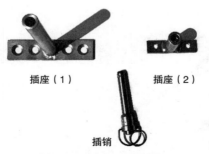

图 10-2　插座、插销图示

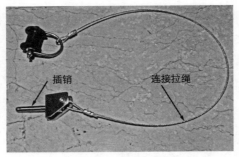

图 10-3　插销＋连接拉绳图示

（3）当使用钢丝绳约束系统时，悬挂装置或台车的任何运动都应与约束系统协调一致。悬挂装置的所有行走、俯仰、回转和伸缩运动都应在设计上给予考虑，不能给吊船上的人员带来危险。

第二节　对允许风速的严格限制

建筑物未安装吊船约束系统或受结构限制不能安装约束系统时，擦窗机的使用应限制在特定的风速条件下：

（1）应持续测量风速，吊船内达到预设最大工作风速 75% 时声信报警器应启动。

（2）在某特定高度，吊船最大的横向摆动 4m 和／或纵向摆动达吊船长度 40%，且每个操作者的最大操作力不大于 200N，作为计算最大允许风速的临界点。

第三节　约束系统插座插销的布置

钢丝绳约束系统的设计如图 10-4 所示，应满足下列条件：

（1）最下端的约束层应低于自然地平面 40m。

（2）高于 40m 的约束点间距应不大于 20m。

（3）当建筑物的设计为阶梯立面时，如形成天台等，从天台平面到第一约束层的最大高度应不大于20m。

（4）当吊船下降时，操作者应根据视觉和／或听觉警示信号在每一约束层将吊船与约束系统连接。当吊船上升时，吊船应在每一约束层自动停止。操作者需要解除约束后（拔出插销），吊船才能继续向上运动。

（5）约束组件与立面连接或分离时，吊船内侧距建筑物立面的距离应不大于750mm。

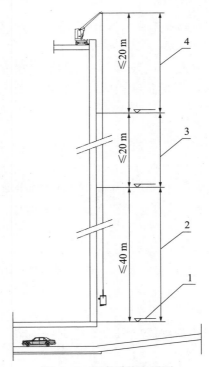

图 10-4　约束系统布置图

1—自然地平面；2—最低约束层与自然地平面间的高度（≤40m）；
3—约束层之间的高度（≤20m）；4—悬挂点与最高约束层间的高度（≤20m）

第十一章 电气系统安全技术要求

一、三相电源保护

（1）应设置相序继电器确保电源缺相、错相连接时不会导致错误的控制响应。

（2）电气系统供电应采用三相五线制，接零、接地线应始终分开，接地线应采用黄绿相间线。在接地处应有明显的接地标志。

二、主电源保护

（1）主电源回路应有过电流保护装置和灵敏度不小于30mA的漏电流保护装置。控制电源应采用变压器与主电源有效隔离。

（2）当设备通过插头连接电源时，与电源线连接的插头结构应为母式。在拔下插头的状态下，操作者即可检查任何工作位置的情况。

（3）当使用导电滑轨时，电源端应有过电流保护装置和30mA的漏电流保护装置。自导轨、滑轨取电时，建议采用双连接型双重保护。

（4）主电路相间绝缘电阻应不小于$0.5M\Omega$，电气线路绝缘电阻应不小于$2M\Omega$。

（5）电机外壳及所有电气设备的金属外壳、金属护套都应可靠接地，接地电阻应不大于4Ω。

三、内置电缆芯钢丝绳

电缆芯的截面积应不小于$0.5mm^2$，绝缘及保护可靠，供电电压应不大于 240V，并且工频耐压试验电压不小于 500V。

四、弹簧式或电动式电缆卷筒

应安装限位开关或其他装置，可在电缆从卷筒上完全放出之前停止台车（或吊臂伸缩等）的运动。电缆应设电缆网套以防止电缆过度张力引起电缆、插头、插座的损坏。

五、防护等级

所有电气设备防护应符合现行国家标准《外壳防护等级（IP 代码）》GB/T 4208 的规定。对露天放置的设备，防护等级应不低于 IP54。

第十二章　控制系统安全技术要求

一、一般技术要求

（1）擦窗机控制柜上的按钮、开关等操作元件牢固可靠，这些按钮或开关装置应是自动复位式的，控制按钮的最小直径为10mm。控制柜上除操作元件外，还应设置一个切断总电源的开关，此开关应是非自动复位式的。操作盘上的按钮应有效防止雨水进入。

（2）操作的动作与方向应以文字或符号清晰表示在控制箱上或其附近面板上，在吊船上各动作的控制应按逻辑顺序排列。

（3）应提供停止擦窗机控制系统运行的急停按钮，此按钮为红色并有明显的"急停"标记，不能自动复位。急停按钮按下后停止擦窗机的所有动作。

（4）吊船上升和下降的控制按钮应位于吊船内。

（5）屋面台车（或悬挂装置）的其他动力控制（如行走、回转、俯仰、伸缩等）可位于吊船内或在屋面台车（或悬挂装置）的适当位置，且吊船在最高工作点时操作者可方便地接触到屋面台车（或悬挂装置）的控制按钮。

（6）在屋面台车（或悬挂装置）的适当位置应有控制柜，并可在设备故障（如吊船控制系统故障）或紧急状态下可以操作擦窗机，此控制柜应上锁以防止未授权操作。

（7）吊船内安装提升机的擦窗机，且只有吊船可接近的悬挂装置（如带有手动或电动行走机构的悬挂单轨系统，固定插杆等），无需在悬挂装置上设置任何形式的双重控制。

（8）双层吊船的主控制器应位于上层，在下层可安装附加副控制器，上下控制器应联锁。各控制器均可控制吊船的上升和下降。

（9）吊船内的控制系统和屋顶台车（或悬挂装置）的控制系统应联锁。起升、行走、回转和变幅等多种动作之间应保证电气联锁。

（10）电气控制柜的控制按钮外露部分由绝缘材料制成，应能承受 50Hz 正弦波形、1250V 电压、1min 的耐压实验。

（11）电气控制柜应上锁以防止未授权操作。

二、急停装置要求

急停装置应安装于每一操作者的控制位置及其他可能需要紧急停止的位置。在任何时刻所有急停装置的操作应随时有效，并与正在使用的特定控制无关。

三、吊臂控制要求

（1）如果吊臂的动作相互独立，控制装置应设置角度限位开关确保吊臂正确运动，使吊船在任何方向的倾斜角度不大于 14°。

（2）设备停泊特殊位置，需要吊臂的变幅、伸缩或回转运动超出正常工作范围时（此时吊臂的运动已由限位开关动作而停止），应采用专用按钮开关进行操作实现此功能。

第十三章 擦窗机系统安装、调试与验收

第一节 概 述

（1）擦窗机系统安装、调试和验收，根据进场工序分以下4部分：

1）埋件安装；

2）轨道安装；

3）设备安装；

4）调试与验收。

（2）在设备安装完成后，由合格人员对擦窗机进行各功能动作的调试和安全部件、安全装置的测试。

（3）完成调试后提交第三方检测机构进行现场检测，并出具检测报告。

（4）在进行现场安装前，应针对擦窗机的型式、结合工程实际情况编制施工组织计划交现场监理、总包批准后方可实施。

（5）施工安装作业中，对于重大危险源项目的实施，必须编制重大危险单项施工组织计划书，并通过专家认证后方可施工。

（6）施工作业人员应按照现场安全管理要求，进行安全三级教育并考核合格后，方可进行现场施工作业。

第二节 埋件安装要求

一、一般规定

（1）预埋件和基础的施工图纸应经过建设单位或其代表确认。

（2）化学锚栓应按照设计文件和产品说明书的要求进行安装施工，锚栓和钻孔之间的空隙应填充密实，锚栓安装后不应产生锚固胶的流失，固化时间内螺杆不应有明显位移。

（3）基础的混凝土强度应符合设计图纸要求，且不应小于C30。

二、主控项目

（1）预埋件的锚固钢筋与混凝土基础边缘的安装距离应大于50mm。

（2）预埋件螺栓公称直径不小于16mm，并符合设计强度要求。

（3）安装化学锚栓时，锚栓的中心至基础或构件边缘的距离不应小于7倍锚栓公称直径，相邻两根锚栓的中心距离不应小于10倍锚栓公称直径。

（4）预埋件螺栓、埋板应进行防腐处理，不应有锈蚀。

三、一般项目

（1）擦窗机基础预埋件或轨道支撑系统的安装应符合擦窗机施工图纸的要求。

（2）擦窗机设备基础的位置和尺寸应符合表13-1的规定。

擦窗机设备基础位置和尺寸的允许偏差　　　　表 13-1

擦窗机设备基础位置和尺寸的允许偏差		
项 目 内 容		允许偏差（mm）
坐标位置（纵、横轴线）		±20
平面外形尺寸		±20
平面的水平度	每米	5
	全长	10
垂直度	每米	5
	全长	10
预埋件	标高	＋20

（3）土建单位浇筑预埋件基础混凝土，灌浆时应捣实，预埋件钢板下方不得存在空隙。

四、锚固件安装检查

（1）在生产和安装阶段对所有轨道锚固件进行 100% 的目测检验以确保所有部件正确安装，并应特别注意隐蔽部件与结构的固定连接是否可靠。

（2）对可见并承受剪力和拉力的化学或机械膨胀锚栓，应对锚固件抽样 20% 进行适当的扭矩和／或拉拔试验。

（3）对隐蔽并承受剪力和拉力的化学或机械膨胀锚栓，应对锚固件进行 100% 的适当扭矩和／或拉拔试验。

拉拔或扭矩试验，对锚固件施加的作用力为 $0.83 \times R_v$ 或 $0.83 \times R_h$。

R_v、R_h 为锚固点的载荷。

（4）所有检测结果应作记录并形成报告（包含检查人员的姓名、职称、单位和日期）。

第三节　轨道安装要求

一、一般规定

（1）轨道系统安装应符合施工图纸要求。

（2）焊接施工作业应符合现行国家标准《钢结构工程施工质量验收标准》GB 50205 的相关要求。

（3）擦窗机水平轨道或附墙轨道架空安装在高于屋面 2m 的建筑结构上时，应沿轨道铺设经有效防腐处理的永久性行走通道，并设置上下通道。

二、主控项目

（1）轨道与预埋件或预埋支架的连接安装应牢固可靠，不得松动。

（2）在最大荷载作用下，轨道两个支撑点之间的挠度不得大于其跨距的 1/200，且最大变形量不得大于 30mm。

（3）轨道末端固定式机械止挡应采用螺栓连接或焊接安装方式，确保台车运行不脱离轨道。

（4）当轨道对接位置焊缝不在基础埋件钢板上时，在焊缝的下方应设置加强垫板，垫板厚度不得小于轨道腹板的厚度。

（5）在移动轨道、轨道道岔或轨道转盘等装置对接处安装的活动式机械止挡，应定位准确、牢固可靠。

三、一般项目

（1）轨道及轨道连接附件和锚固件应进行防锈、防腐处理，不应有锈蚀。

（2）水平轨道表面安装标高允许偏差为 1/600。

（3）轨道安装时接缝处的接口上下错位和左右错位允许偏差为 2mm。

（4）转弯轨道安装时轨面圆弧应平整，不应有凸起、损伤、裂纹现象。

（5）轨道伸缩缝的安装间距应不大于 12m，伸缩缝的间隙应不大于 4mm。轨道安装于钢结构上时，伸缩缝位置应与钢结构保持一致。

（6）屋面上水平及倾斜轨道安装应符合下列规定：

1）轨道直线段轨距的允许偏差为轨距的 1/150；曲线段的轨道应保证擦窗机正常运行；

2）同一横截面处两根轨道的表面高差允许偏差为轨距的 1/400。

（7）附墙立式轨道安装轨距的允许偏差为轨距的 1/150。

（8）单悬轨道的中心线在任意 6m 长度内的允许偏差为 15mm。

（9）室外安装的擦窗机的轨道、基座等金属构件必须与建筑物或构筑物的防雷装置联结，并应采用搭接焊接，其搭接引线的截面尺寸及搭接长度应符合下列规定：

1）圆钢的直径不应小于 8mm，扁钢、角钢和钢管的厚度应大于 2.5mm；

2）扁钢的搭接长度应为其宽度的 2 倍，且焊接的棱边应大于 3 个；

3）圆钢搭接长度应为其直径的 6 倍；

4）当圆钢与扁钢搭接时应双面焊接，搭接长度应为圆钢直径的 6 倍；

5）轨道两端应各安装 1 组接地引线；两条轨道应做环形电气连接；轨道伸缩缝处应做电气跨接；轨道每隔 30m 应加 1 组接地引线。

第四节　擦窗机设备安装

一、一般规定

（1）擦窗机结构件不应有明显变形、开焊和破损现象。

（2）应依据施工组织计划指导书的装配顺序进行装配，一般安装顺序为：

1）行走轮、驱动轮；

2）底架；

3）立柱；

4）卷扬机构安装在底架上；

5）主回转机构；

6）大臂；

7）臂头回转机构；

8）配重；

9）电气控制箱；

10）其他。

（3）安装过程中，应根据设备整体结构的复杂性，确保安装过程中设备组件不会整体倾覆，必要时采用拉索保护，防止倾覆。

二、主控项目

（1）吊船的额定载重量、允许乘载的人数及安全操作的警示标识应牢固安装于明显位置。

（2）钢丝绳安装应符合说明书要求，绳间不得相互干涉。

（3）擦窗机各机构外露传动部分的防护罩应安装牢固。

（4）擦窗机的主体结构、电机及所有电气设备的金属外壳必须接地。

（5）螺栓与螺钉安装紧固时，应符合现行国家标准《机械设备安装工程施工及验收通用规范》GB 50231 的相关要求。

三、一般项目

（1）擦窗机各工作机构应安装正确，运动平稳、无异响。

（2）限位装置安装位置准确、动作灵敏。

（3）擦窗机平衡配重安装牢固可靠。

（4）外露安装的电器元件防水防尘等级应符合设计要求，电器元件、电缆应外观完好、附件齐全，安装排列整齐、固定牢靠。

（5）液压油管连接紧固，接头处应无渗漏。

第五节 擦窗机现场调试与验收

（1）应进行相关检验和功能测试以确认设备已正确组装、实现特定功能要求，所有安全部件运行正常。

（2）当擦窗机系统安全与安装有关时：

1）在擦窗机系统验收之前，应确认设备已正确安装并有完整的交验资料（如：出厂合格证书和出厂检验报告等）。

2）擦窗机系统型式试验可能未包括：轨道系统中浇注、焊接或其他隐蔽的轨道锚固与连接件。负责验收的合格人员应对安装过程中部分或全部隐蔽的锚固件进行检查或有相应可靠的文件证明这些锚固件已正确安装。

3）合格人员有独立提出异议的重要权利。

（3）应进行静载和动载试验，在试验之前需要确认：

1）设备已正确制造、组装和安装；

2）满足合同技术要求；

3）所有安全部件运行正常；

（4）静载试验和动载试验的载荷分别为：

1）静载试验—吊船载荷：$1.5 \times R_1$；

物料起升机构（如配置）载荷：$1.25 \times H_{wll}$。

2）动载试验—吊船载荷：$1.1 \times R_1$；

物料起升机构（如配置）载荷：$1.1 \times H_{wll}$。

（5）由第三方检测机构，按照现行国家标准《擦窗机》GB/T 19154 进行现场检测，并出具相应的检测报告。

（6）使用前合格人员应签发确认设备完整性的移交证明。所有检测／试验结果应作记录并形成报告（包含检查人员的姓名、职称、单位和日期）。

第十四章　擦窗机的安全使用

第一节　擦窗机作业中危险源分析

擦窗机为高处作业悬挂接近设备，虽未列入特种产品名录，但其设备的危险程度一点也不亚于起重机、塔吊等特种设备，其危险性相关的主要特点是：

（1）钢丝绳悬挂吊船于空中作业，作业高度一般在 100m 以上，高空作业中经常受突变风载影响，吊船空中飘荡，撞坏幕墙，甚至导致操作人员受伤及伤亡事故。

（2）操作人员文化水平相对较低，无证上岗、违章操作时有发生，导致吊船甚至设备整体坠落，发生重大安全事故。

（3）前期幕墙施工作业中，幕墙公司普遍使用擦窗机进行安装作业及后期维护，公司员工流动性大，培训上岗和监管不到位，普遍存在违章使用等，极易造成安全事故。

（4）擦窗机移交物业后，大部分业主无专业主管责任人、无定期年检报告、无定点专业维保公司等，存在极高的使用安全隐患。

（5）擦窗机是非标设计设备，目前市场上安装的擦窗机，还有部分产品存在设计和加工缺陷，产品质量可靠性存在安全隐患，在使用前必须进行日常检查、定期专业维保、定期检测来降低使用安全风险。

第二节　操作培训基本要求

1. 擦窗机操作维修工基本要求

按照建筑施工特种作业人员必须经建设主管部门考核合格，

取得建筑施工特种作业人员操作资格证书，方可上岗从事相应作业的规定，擦窗机操作维修工也应接受专业安全技术培训和职业技能培训提升，经考核合格，取得操作资格证书，方可上岗从事擦窗机的操作和维修。

2. 擦窗机操作维修工的上岗条件

（1）年满 18 周岁，且不超过国家法定退休年龄；

（2）具有初中及以上学历或同等文化程度；

（3）经社区或者县级以上医疗机构体检合格，并无妨碍从事相应高危作业的器质性心脏病、高血压、癫痫病、美尼尔氏综合征、眩晕症、癔症、震颤麻痹症、精神病、痴呆症、色盲以及其他疾病和生理缺陷；

（4）经专业安全技术培训和职业技能提升培训、并考核合格，具有独立操作能力，持证上岗；

（5）酒后、过度疲劳、身体不适、服用不适应高处作业药物和情绪异常者不得上岗操作。

3. 擦窗机操作维修工上机操作培训要求

针对擦窗机设备的非标特殊性，操作工上机操作前必须经过由擦窗机制造商技术负责人或擦窗机设备专业管理人员，针对该大厦安装设备的具体结构和操作规程进行使用培训，培训考核合格后方可上机操作。

培训分理论学习和上机操作考核两个部分。

（1）理论学习的主要内容：

1）擦窗机工作原理。

2）擦窗机具体结构组成。

3）安全装置检查和维护要求。

4）日常检查和维护要求。

5）安全操作规程（详见本章第三节）。

6）安全防护用品的配备及使用要求。

7）擦窗机使用过程的危险源辨识。

（2）上机操作培训主要内容：

1）设备供电主电源位置。

2）擦窗机电源节点分布位置。

3）电源节点至擦窗机主控制箱的接电。

4）主控制箱接通电源。

5）急停按钮开关的识别及操作。

6）主控制箱与吊船控制转换开关的操作。

7）行走、上升、下降、主回转、臂头回转、伸缩、俯仰等操作按钮的操作方法。

8）设备停机位置→工作立面的操作过程：

① 操作吊船上升至顶限位处→台车行走→至工作立面处→吊船下降至屋面，操作工进入吊船→吊船上升至最高位置→大臂回转转出楼面→臂头回转→使吊船靠墙轮一侧平行立面→大臂回转／臂头回转，调整吊船与立面的距离→靠墙轮与立面基本接触位置。

② 屋面操作：转换开关至吊船操作位置→吊船内操作工操作下降按钮→吊船下降→至立面工作位置。

③ 完成工作后→吊船上升至最高处→大臂回转→吊船转回屋面→台车行走→至另一工作位置。

4. 所有培训应记录备案

培训人员的姓名、身份证号、单位和日期。

第三节　安全操作规程

一、操作工持证上岗作业要求

（1）擦窗机操作工必须经过上岗培训考核合格后，方可上机操作。

（2）擦窗机除上机操作工外，楼面应配备一名设备监控人员，时刻监护设备运行中的使用情况，并保持与吊船内操作工的通信联络。

二、擦窗机设备工作气象条件要求

在安排擦窗机使用前,应掌握当天的天气预报,是否满足擦窗机的工作要求,特别是天气预报的最大风速要求;当天有雷阵雨和大风天气预报(或预警)时禁止使用擦窗机设备。

擦窗机的工作条件如下:

(1)环境温度:$-10 \sim +55℃$;

(2)环境相对湿度不大于 90%(25℃时);

(3)电源电压偏离不大于额定值 ±5%;

(4)工作处阵风风速不大于 8.3m/s(相当于 5 级风力)。

三、设备操作警示识别与确认

在操作设备前应仔细查阅操作手册警示说明和吊船上的警示牌,并确认:

(1)额定载重量;

(2)使用风速条件;

(3)个人安全防护要求:安全帽、安全带、防滑鞋要求;

(4)独立安全保护绳设置要求;

(5)其他警示说明和要求。

四、工作区域设立警示牌和警示标志

在设备使用区域下方,应设立警示标志和围挡,告知公众设备正在使用,禁止进入。

五、操作前的日常检查要求

擦窗机每日当班前应按照操作手册进行日常检查,参见表 14-1,并做好详细记录并存档备案。

(1)结构件可靠性检查;

(2)紧固件可靠性检查;

(3)设备各动作功能性检查;

（4）安全装置可靠性检查；

（5）设备行走通道障碍物清理检查。

擦窗机日常检查记录表 表 14-1

工程名称：_____

设备型号：_____

设备名称：_____

检查人员：_____

当班作业人员：_____

检查日期：_____

序号	检 查 内 容	检查结果		处理
		正常	非正常	
一	起升系统			
1	电机减速机运行是否有异响			
2	检查减速箱的油量			
3	电机基座固定螺栓			
4	卷筒轴承座固定螺栓、轴承			
5	电机主制动器是否可靠			
6	卷筒排绳是否整齐			
7	排绳丝杠限位开关			
8	卷筒绳夹头是否牢固			
9	钢丝绳断丝、断股情况			
10	后备制动器是否可靠			
11	后备制动器开关			
12	断链保护机构和开关			
13	压绳机构和限位开关			
14	钢丝绳防松压轮和限位开关			
15	各滑轮组是否灵活			
16	大小齿轮啮合是否正常			

序号	检 查 内 容	检查结果		处理
		正常	非正常	
17	齿轮传动是否有异响			
18	其他紧固螺栓的检查			
19	其他（如有）：			
二	臂架结构、立柱结构			
1	臂架结构有无变形			
2	立柱结构有无变形			
3	臂架焊缝有无开裂现象			
4	立柱焊缝有无开裂现象			
5	臂架销轴固定是否可靠			
6	臂架销轴是否可靠			
7	臂架／立柱连接螺栓连接是否可靠			
8	臂架钢丝绳导向滑轮导向是否正常			
9	臂架滑轮转动是否有异响			
10	其他（如有）：			
三	主回转系统			
1	回转电机减速机运行是否正常			
2	电机制动是否可靠			
3	限位开关是否正常			
4	回转大小齿轮啮合是否正常			
5	齿圈运行是否异常			
6	连接螺栓是否有松动			
7	减速机油量			
8	其他（如有）			
四	臂头回转系统			
1	回转电机减速机运行是否正常			

序号	检 查 内 容	检查结果		处理
		正常	非正常	
2	电机制动是否可靠			
3	限位开关是否正常			
4	回转大小齿轮啮合是否正常			
5	齿圈运行是否异常			
6	连接螺栓是否有松动			
7	减速机油量			
8	其他（如有）			
五	固定底座			
1	各紧固螺栓			
2	其他（如有）			
六	其他安全保护装置			
1	吊船上下限位开关			
2	吊船下限位防撞保护开关			
3	主臂变幅限位保护开关			
4	其他（如有）			
七	液压系统			
1	液压电机运行是否正常			
2	油缸的伸出与收回运行是否正常			
3	检查油缸顶杆是否锈蚀、损坏			
4	检查油箱的存油量			
5	油缸顶杆连接插销是否正常			
6	其他（如有）			
八	电气控制系统			
1	检查供电电源线是否损坏、老化			

续表

序号	检 查 内 容	检查结果		处理
		正常	非正常	
2	检查供电器控制箱内各电器元件有否损坏、老化			
3	检查相序继电器			
4	检查漏电电器开关是否有效			
5	检查各控制按钮是否正常			
6	检查接地是否可靠			
7	随行电缆是否老化			
8	检查电气控制元件（按钮）是否松动			
9	检查接触器等元件是否松动			
10	检查其他电气元件是否松动			
11	测量主电源相间绝缘电阻（应大于 0.5MΩ）			
12	测量电气线路绝缘电阻（应大于 2MΩ）			
13	测量电机外壳接地电阻（应小于 4Ω）			
14	测量电气箱外壳接地电阻（应小于 4Ω）			
15	其他（如有）			
九	整机防腐／油漆			
1	整机面漆情况（建议 5～8 年重新喷涂）			
2	局部面漆情况（每次维保进行修补）			
3	其他（如有）			
十	轨道式擦窗机轨道系统／或悬挂轨道系统			
1	螺栓紧固件是否可靠			
2	轨道是否变形，影响行走			
3	轨道是否锈蚀需要油漆防腐处理			
4	非封闭轨道端头止挡是否可靠			
5	其他（如有）			

序号	检 查 内 容	检查结果		处理
		正常	非正常	
十一	自爬升电动吊船			
1	铝合金篮体结构件焊接是否有开裂			
2	提升降机安装架与篮体连接的紧固螺栓是否可靠			
3	提升机与安装架连接是否可靠			
4	安全锁与安装架连接是否可靠			
5	收绳器组件与安装架连接螺栓是否可靠			
6	安全锁动作是否可靠			
7	提升机运行是否正常			
8	吊船上、下限位开关是否正常			
十二	自爬升电动吊船电气控制系统			
1	检查供电电源线是否损坏、老化			
2	检查供电器控制箱内各电器元件有否损坏、老化			
3	检查相序继电器			
4	检查漏电电器开关是否有效			
5	检查各控制按钮是否正常			
6	检查接地是否可靠			
7	随行电缆是否老化			
8	其他（如有）			
十三	插座／插杆悬挂装置			
1	插座预埋紧固螺栓是否松动			
2	插杆结构件是否变形			
3	插杆结构件焊缝是否开裂			
4	插杆紧固螺栓是否松动、可靠			

序号	检 查 内 容	检查结果		处理
		正常	非正常	
5	其他（如有）			
十四	操作工或维修工对设备整体情况描述：			
十五	操作工或维修工对设备情况的建议措施：			
十六	客户确认及工作评定： 客户单位名称： 客户签字：　　　　　　　　　　　　日期：			

注：此表格均由检查人员填写，一式两份；客户一份，使用单位/或维保单位留存一份。

六、设备具体操作安全要求

（1）根据工作指令或作业任务确定工作立面位置和设备需要到达的工作停机位置。

（2）接通主控制箱主电源开关。

（3）操作主控制箱行走按钮，设备行走至工作立面处。

（4）吊船下降至工作位置，开始作业。

（5）各动作按钮为自动复位式，在擦窗机各动作变换中，禁止连续不间断操作按钮，避免和减小设备的振动。

（6）各动作转换时，按钮控制的间隔时间应不小于3s。

（7）楼顶应常驻1人，保持与吊船操作工的通信联络；监控设备的运行情况。

（8）运行中发现设备异常（如异响、异味、过热等），应立即停机检查。故障不排除不准作业。

（9）吊船升降运行中，应特别关注钢丝绳在卷筒上排列是否整齐、是否有堆积、跳槽等乱绳现象，一旦出现上述情况，必须立即停机检查，排除故障。

（10）吊船升降运行中，发现卷扬电机制动如有滑移现象，必须立即停机检查，排除故障。

（11）吊船内的载荷应大致分布均匀。

（12）严禁违章操作。

（13）严禁超载作业。

（14）严禁违章指挥。

（15）严禁酒后、疲劳、情绪异常波动、带病上岗作业。

（16）严禁作业区域抽烟。

（17）严禁在吊船内放置易燃、易爆物品和杂物。

（18）严禁采用垫脚物或直接蹬踏吊船护栏以增高作业高度。

（19）严禁采用"荡秋千"或歪拉斜拽的方式增加作业宽度或高度。

（20）当吊船停留在空中阳台边、女儿墙外侧时，禁止进出吊船。

（21）严禁夜间抢工期作业；严禁在光线不足的场所进行作业。

（22）严禁在大雾、雷雨或冰雪等恶劣气候条件下进行作业。

（23）严禁使用上行程限位开关停机。

（24）在运行过程中不得进行任何保养、调整和检修工作。

（25）严禁捆绑安全锁摆臂等使安全锁人为失效的行为。

（26）当建筑立面设置有钢丝绳约束防风系统时，应严格按照操作手册的规定保持或解除约束系统。

（27）液压系统振动异响应立即停机检查，排除故障。

（28）停机后在现场进行保养、调整和检修时，需拉闸断电，且应在上一级电源配电处设置"禁止合闸"的警示标志，或派专人值守。

（29）必须做好个人安全防护。操作工应配备安全帽、安全带、穿防滑鞋。

（30）必须按照操作手册规定设置独立的坠落防护安全绳。

（31）发现事故隐患或不安全因素时，有责任要求单位领导采取安全措施进行及时整改，问题未解决时，操作工有权拒绝作业。

（32）操作工应拒绝违章指挥或强令冒险作业行为，保护自身安全。

七、设备操作中紧急情况的处置措施

（1）作业中突遇紧急情况或突发故障必须立即操作急停按钮，停机检查。

（2）吊船升降、回转等极限开关动作后，必须由专业维修工检查维修复位。

（3）起升机构超速保护装置动作后，必须由专业维修工检查维修正常后复位。

（4）作业中突遇阵风或雷雨恶劣天气应立即停止作业，并与楼顶监护人员保持通信联络。持续大风或雷雨天气时，应立即将吊船上升或下降至就近的安全层面。

（5）作业中突遇停电或电气故障，一时难以维修，吊船操作工应与楼顶监护人员保持通信联络，严格按照操作手册的规定，将吊船降至安全层面。

（6）突遇吊船倾斜、升降作业中吊船振动，应立即停机检查卷扬系统钢丝绳排列是否正常。

（7）自爬升吊船的提升机发生卡绳故障时，应立即停机排除。严禁反复按动升降按钮，强行排险。

（8）自爬升吊船离心式安全锁锁绳后，禁止在安全钢丝绳受力状态下强行搬动开锁手柄，以避免误操作导致安全锁损坏或引发平台坠落事故。

（9）液压系统油管爆裂或安全阀动作，应立即停机报修，在保证安全的前提下，吊船降至安全层面，撤离操作者。

（10）钢丝绳在导向滑轮中脱槽、跳槽、一根钢丝绳断股或断裂，应立即停机报修，在保证安全的前提下，吊船降至安全层面，撤离操作者。

八、进行特殊作业时的安全操作须知

1. 电焊作业

（1）操作者应穿绝缘鞋、戴绝缘手套。

（2）不得将悬吊平台或钢丝绳当作接地线使用。

（3）电焊机不得放置在吊船内。

（4）在悬吊平台内不得放置易燃、易爆物品和杂物。

（5）在电焊作业周边和下方应采取防止火花引燃可燃物的有效遮挡措施；在电弧火花飞溅区域，应采取防止钢丝绳被灼伤的有效遮挡措施。

2. 幕墙安装维护作业

（1）禁止用吊船运送大型幕墙板块材料。

（2）应采用物料起升机构吊运玻璃、大型幕墙材料，吊运材料与吊船的高差应控制在 1m 以内。

（3）手持工具应采用短绳系牢或放在工具袋中，避免坠落伤人或伤物。

九、作业后的安全操作要求

（1）作业结束后，应将擦窗机停放于指定停机位，固定好卡轨钳，必要时按照使用手册的规定固定防风缆索。

（2）切断电源，锁好电控箱。

（3）清扫吊船内的杂物。

（4）吊船停放平稳，必要时进行捆绑固定。

（5）检查设备运行情况：钢丝绳、安全装置等。

（6）认真填写交接班记录，参见表 14-2，存档备案。

擦窗机交接班检查记录表   表 14-2

工程名称: _____

设备型号: _____

设备名称: _____

检查人员: _____

当班作业人员: _____

使用日期: _____

序号	检查内容及说明
一	发生故障的详细说明: 维修过程详细说明:
二	对设备整体情况描述: 1. 钢丝绳 2. 安全装置情况 3. 其他
三	操作工或维修工对设备情况的建议措施:
四	客户确认及工作评定: 客户单位名称: 客户签字: 日期:

注: 此表格均由检查人员填写,一式两份;客户一份,使用单位留存一份。

第十五章 擦窗机常见故障及应急情况处置

第一节 擦窗机常见故障原因分析与处置

擦窗机各部件的常见故障原因与处置方法参见表15-1,应根据实际擦窗机的类型和部件组成对照执行。

擦窗机安装和使用中,常见故障原因分析和排除办法 表15-1

序号	故障现象	原因	排除办法
一	行走机构		
1	驱动电机抱闸打不开	1. 长期未使用,制动器锈蚀; 2. 制动器电气整流模块损坏	送原厂家检修
2	减速机异响	齿轮传动、轴承等损坏	送原厂家检修
3	轨道接缝处行走不通畅、卡滞	1. 接缝处高差≥2mm; 2. 接头缝隙≥3mm	打磨、修整
4	弯轨处防倾钩板与轨道翼板卡死	轨道弯轨平面变形较大	修整轨道
5	直线行走时防倾钩板与轨道翼板卡死	轮距内,内外侧轨道平面高差≥5mm	修整轨道安装误差
二	主回转机构		
1	驱动电机抱闸打不开	1. 长期未使用,制动器锈蚀; 2. 制动器电气整流模块损坏	送原厂家检修
2	减速机异响	齿轮传动、轴承等损坏	送原厂家检修

序号	故障现象	原因	排除办法
3	回转角度超出设定范围	1. 限位开关安装不正确； 2. 限位开关损坏	调整或更换新开关
4	回转支撑异响	内部结构损坏	整体更换
5	回转中极限限位开关动作，主机断电（此时主机故障灯报警）	第一道限位开关失灵	检修更换新件
三	臂头回转机构		
1	驱动电机抱闸打不开	1. 长期未使用，制动器锈蚀； 2. 制动器电气整流模块损坏	送原厂家检修
2	减速机异响	齿轮传动、轴承等损坏	送原厂家检修
3	回转角度超出设定范围	1. 限位开关安装不正确； 2. 限位开关损坏	调整或更换新开关
4	回转支撑异响	内部结构损坏	整体更换
5	回转中极限限位开关动作，主机断电（此时主机故障灯报警）	第一道限位开关失灵	检修更换新件
四	卷扬机构		
1	超载指示灯报警	1. 吊船载重量超出 25% 的限定值； 2. 吊船载荷分布偏载	1. 卸载到允许的额定载荷； 2. 载荷大致分布均匀
2	松绳保护指示灯报警	1. 钢丝绳在卷筒上的排绳乱绳，钢丝绳压轮失去正常压力，检测开关动作； 2. 钢丝绳无载荷	检查排绳机构是否损坏，并修复或更换
3	主机故障报警（1）	钢丝绳在卷筒上的排绳乱绳堆积，压绳保护装置检测开关动作	检查排绳机构是否损坏，并修复或更换
4	主机故障报警（2）	排绳丝杠限位开关动作	1. 检查排绳丝杠限位开关设置位置是否正确；

序号	故障现象	原因	排除办法
4	主机故障报警（2）	排绳丝杠限位开关动作	2. 吊船下限位故障，下降超出排绳机构设计行程范围； 3. 吊船上限位故障，上升超出排绳机构设计行程范围
5	主机故障灯报警（3）吊船上升至最高位，吊船无升降动作	上升限位开关失灵，极限限位开关动作	修复换件
6	主机故障灯报警（4）正常下降中后备制动器动作	设定速度与升降速度接近，检测开关动作	重新设定动作速度
7	主机故障灯报警（5）下降停止时超速坠落，后备制动器动作	1. 电机主制动器失灵； 2. 减速机损坏； 3. 齿轮传动损坏； 4. 卷筒传动轴断裂等损坏	更换损坏零部件
8	主机故障灯报警（6）排绳机构断链保护开关动作	排绳机构损坏，受力超过限定值	检查排绳机构是否正常，修复或更换
9	上升或下降作业中吊船间断性抖动	卷筒钢丝绳排绳堆积	检查排绳机构是否损坏，并修复或更换
10	吊船下降至地面或楼面，下降动作不能自动终止	防撞限位开关失灵	修复或更换
11	下降停止时吊船滑移	卷扬电机制动性能下降	送原厂家修理；严禁现场拆卸调整摩擦片间隙
12	驱动电机抱闸打不开	1. 长期未使用，制动器锈蚀； 2. 制动器电气整流模块损坏	送原厂家检修
13	减速机异响	齿轮传动、轴承等损坏	送原厂家检修
五	伸缩臂机构／俯仰变幅机构		
1	驱动电机抱闸打不开	1. 长期未使用，制动器锈蚀； 2. 制动器电气整流模块损坏	送原厂家检修

序号	故障现象	原因	排除办法
2	减速机异响	齿轮传动、轴承等损坏	送原厂家检修
3	伸缩中大臂抖动	伸缩机构钢丝绳或链条预紧力不够	调整预紧力
4	导向滚轮与大臂摩擦异响	1.滚轮与大臂侧向间隙过小；2.大臂垂直度未达到设计加工要求，大臂变形严重	调整或修整
5	变幅超出行程范围	限位开关失灵	修理或更换
六	立柱升降机构		
	导向滚轮或滑块与立柱摩擦异响	1.滚轮与大臂侧向间隙过小；2.立柱垂直度未达到设计加工要求，立柱变形严重	1.调整或修整；2.加适当润滑脂
七	物料起升机构		
1	驱动电机抱闸打不开	1.长期未使用，制动器锈蚀；2.制动器电气整流模块损坏	送原厂家检修
2	减速机异响	齿轮传动、轴承等损坏	送原厂家检修
3	超载限位保护报警	物料载重量超出25%的限定值	卸载到允许的额定载荷
4	下降停止时滑移	电机制动性能下降	送原厂家修理；严禁现场拆卸调整摩擦片间隙
八	液压系统		
1	油缸升降中抖动，噪声较大	液压系统有空气	升降数次，排除系统内部空气
2	油缸漏油	密封圈损坏	更换密封圈
3	正常工作中防爆阀锁死	防爆阀损坏	更换防爆阀
九	悬挂式擦窗机爬轨器		
1	爬轨器行走卡滞	1.轨道接头错位；2.弯轨变形	轨道修整

序号	故障现象	原因	排除办法
2	爬轨器滚轮异响	1. 滚轮轴承损坏; 2. 滚轮与 C 型轨道间隙过小, 摩擦轨道侧面	修理; 调整间隙
十	自爬升吊船		
1	驱动电机抱闸打不开	1. 长期未使用, 制动器锈蚀; 2. 制动器电气整流模块损坏	送原厂家检修
2	提升机异响	齿轮传动、轴承等损坏	送原厂家检修
3	下降停止时滑移	电机制动性能下降	送原厂家修理; 严禁现场拆卸调整摩擦片间隙
4	超载限位保护报警	额定载重量超出 25% 的限定值	卸载到允许的额定载荷
5	提升机漏油	密封件失效	修理更换密封件
6	安全锁锁绳滑移严重	安全锁失效	送原厂家修理或更换
7	安全锁锁绳角度大于14°	安全锁失效	送原厂家修理或更换
8	安全锁在正常下降中锁绳	预设锁绳速度不合格	送原厂家修理或更换
9	收绳器不能正常收放钢丝绳	收绳器摩擦片预设张紧力过小	调整摩擦片间隙
10	吊船上升至最高位, 吊船无升降动作	上升限位开关失灵, 极限限位开关动作	修复换件

第二节　擦窗机应急故障处置

　　维护与清洗作业中如遇突发紧急情况, 作业人员应保持镇静, 采取合理有效的应急措施, 正确排除故障, 避免造成生命和财产损失。

　　（1）作业中突遇紧急情况或突发故障必须立即操作急停按

钮，停机检查。

（2）吊船升降、回转等极限开关动作后，必须由专业维修工检查维修复位。

（3）起升机构超速保护装置动作后，必须由专业维修工检查维修正常后复位。

（4）作业中突遇阵风或雷雨恶劣天气应立即停止作业，并与楼顶监护人员保持通信联络。持续大风或雷雨天气时，应立即将吊船上升或下降至就近的安全层面。

（5）作业中突遇停电或电气故障，一时难以维修，吊船操作工应与楼顶监护人员保持通信联络，严格按照操作手册的规定，将吊船降至安全层面。

（6）突遇吊船倾斜、升降作业中吊船振动，应立即停机检查卷扬系统钢丝绳排列是否正常。

（7）自爬升吊船提升机发生卡绳故障时，应立即停机排除。严禁反复按动升降按钮，强行排险。

（8）自爬升吊船离心式安全锁锁绳后，禁止在安全钢丝绳受力状态下强行搬动开锁手柄，以避免误操作安全锁损坏或引发平台坠落事故。

（9）液压系统油管爆裂或安全阀动作，应立即停机报修，在保证安全的前提下，吊船降至安全层面，撤离操作者。

（10）钢丝绳脱槽、跳槽、一根钢丝绳断股或断裂，应立即停机报修，在保证安全的前提下，吊船降至安全层面，撤离操作者。

第三节　突发安全事故的应急救援预案

1. 发生吊船坠落事故

（1）发现吊船坠落事故的人员，应立即在现场高声呼喊，告之周边人员；即刻通知现场负责人及大楼物业负责人，并且及时拨打急救电话"120"。

（2）现场负责人、物业负责人全面组织、指挥和协调工作。

（3）现场负责人组织人员先行切断相关电源，防止发生触电事故，然后对事故现场实施抢救。

（4）物业负责人保证现场道路畅通，方便救护车辆出入；门卫执勤人员守在现场大门外，负责接应救护车辆和人员。

（5）全力以赴抢救受伤人员，对轻伤人员立即采用包扎、止血等简易现场救护方法进行救治；重伤人员由现场负责人送医抢救或等待 120 现场急救。

2. 发生物体打击事故

应急预案同上。

3. 发生机械伤害事故

应急预案同上。

4. 发生触电事故

（1）对伤势不重，神志清醒、未失去知觉，但内心惊慌、四肢发麻、全身无力者，不要让其立即走动，应安静休息等待恢复。

（2）对曾一度昏迷，但已经清醒着，应保持周围空气流通并注意保暖，安静休息，并进行观察或送医院进一步诊治。

（3）对伤势较重、已经失去知觉，但心脏跳动呼吸存在者，应使其平卧、保持空气流通，并解开衣领，以利于自主呼吸，注意保暖，等待救护车及时送医救治。

（4）对伤势严重、呼吸困难或呼吸停止、心脏停止跳动者，在紧急呼叫"120"急救的同时，施行人工呼吸或胸外心脏按压复苏、刺仁中穴等方法进行现场抢救，直至"120"急救车赶到之前，不可终止救治。

5. 发生电击伤抢救

（1）立即切断电源或用木棍、竹竿等绝缘物体拨开电线，尽快使被电击者脱离电源。

（2）其余救治方法同上。

6. 发生高空坠落

重点关注伤员的脊椎、颈椎及内脏损伤。

（1）对清醒、能自主活动者，抬送医院进一步诊治。某些伤及内脏的，在当时感觉不明显，应因地制宜、快速制作临时担架用于抬送。

（2）对不能动或不清醒者。切不可乱搬乱抬，更不能背起来就走。严防拉脱脊椎、颈椎而造成永久性伤害。抬上担架时，应有人分别托住头、肩、腰、胯、腿等部位，同时用力，平稳托起，送医院诊治。

7. 发生火灾

（1）发现火情，应立即拨打消防中心火警电话（119或110）报警。

（2）迅速报告应急救援小组，组织有关人员携带消防器具赶赴现场进行扑救。本着"先救人，后救物"原则，迅速组织无关人员逃生。

（3）应急救援小组接到报警或发现火情后，应尽快切断电源，关闭阀门，迅速控制可能加剧火灾蔓延的部位，以减少蔓延的因素，为迅速扑灭火灾创造条件。

8. 施工现场应急救援的组织工作

（1）发生上述事故时，现场的安全人员（应急救援小组成员）应迅速将情况上报应急救援领导小组。

（2）对伤势轻微的、现场可以进行救治的伤员，事发地负责人或分部经理可组织简捷有效的救治措施，如人工呼吸、止血包扎等。

（3）情况严重的，事发地现场负责人或分部经理一边向应急救援领导小组报告情况，一边拨打"120"急救电话。如距离医院较近，则应迅速组织人力将伤员直接送往医院检查、抢救，同时指派人员对现场进行保护，等待施工调查。

（4）应急救援小组接到事故报告后，应迅速赶赴事故发生地，组织各救援小组视情况展开救援工作，若情况严重，应急救援领导小组应在第一时间内将情况报告市（县）安全、建设部门。

第十六章 设备检查、维护、全面检验和年检

第一节 概　　述

设备在使用期限内应按照使用手册的要求进行检查、维护和测试：

（1）设备本身所有部件，含可拆卸部件和辅助系统；

（2）所有相关的支承结构与屋面锚固件。

检查、维护和测试要求

（1）按下列四个步骤进行：

1）使用前检查：操作者在每天或每班工作开始之前进行；

2）检查和维护：一般每三个月进行一次；

3）全面检验：一般每六个月进行一次；

4）设备年检（载荷试验）：每年进行一次。

（2）责任人应确保以上四个步骤并形成报告和存档。

（3）如果以上四个步骤发现任何缺陷，其缺陷危及设备的安全运行，应立即停止使用并告知责任人。

（4）设备重新投入使用前，责任人应确保设备状态完好或进行以上4个步骤的必要工作，以消除对操作者或其他人员的安全隐患。

（5）当设备正在进行作业时，不可对设备进行维修。

第二节　设备检查、维护、全面检验和年检要求

一、使用前检查

（1）操作者在每天或每班工作开始之前对设备进行目视检查，以检查设备的任何部分是否有明显松动或被拆除及所有的设备部件及相关轨道系统是否处于良好的工况。

（2）在用的钢丝绳应每个工作日目检一次，每月至少按产品使用手册有关规定检查两次。一个月以上未使用，在每次使用前做一次全面检查，其检查报告应评估钢丝绳的状况。

（3）控制线路的电器、动力线路的接触器及零部件应保持清洁、无灰尘污染。

（4）在设备用于户外的情况下，操作者应查询该区域是否有雷电预报。

（5）应检查通道及周围区域是否有任何障碍物，必要时清除。

（6）接通设备的电源，应按表16-1检查所有安全保护功能，限位开关是否正常。

二、检查和维护（每三个月一次）

（1）检查和维护的范围应按照使用手册的要求进行。其周期应根据风险评估确定，并将取决于设计、用途和特定装置的使用频率。

（2）合格人员应检查设备本身包括所有组件，但不限于以下：

1）设备结构本身；

2）驱动电动机、齿轮箱和相关部件；

3）安全装置；

4）运动部件：卷扬机构、行走机构、变幅和回转机构等；

5）轨道结构；

6）支撑结构和与建筑结构的连接，如轨道支撑和屋顶锚

固件；

7）任何可拆卸部件。

（3）合格人员应有进行工作的必要图纸和接线图。

（4）合格人员应选用制造商指定的钢丝绳规格。

（5）合格人员应保留钢丝绳的出厂合证书等。

（6）应有拆卸弹簧式电缆卷筒或收缆器的警示。

（7）应有钢丝绳和所有易损件更换标准的信息。钢丝绳的检查和报废应符合现行国家标准《起重机　钢丝绳　保养、保护、检验和报废》GB/T 5972 的规定。

（8）电缆芯钢丝绳的绝缘有老化迹象或绝缘值降低时，应立即更换；电缆芯钢丝绳的导线之一断裂或导线的导电性能时断时续时，应立即更换。

（9）检查超载或后备装置设置元件铅封的完整性。

（10）合格人员应按照使用手册的要求定期检查约束系统，约束系统应无松动并应进行防锈处理。

（11）合格人员应对设备的磨损、腐蚀和各动作的操作进行全面检查，以确定设备的完好性是否适合进一步使用。

1）发现有磨损或损坏的部件应进行必要的修复或更换。

2）在进行重大修理或更换工作开始前，应事先准备好维修方案和风险评估（施工组织计划等），并抄送责任人一份。

3）所有检测和维修期间的工作应出具报告，交给责任人保留存档。

（12）应按照使用手册的要求对运动部件进行润滑，并应避免润滑剂遗漏到建筑物上或楼面上。

（13）安全装置检查要求参见表 16-1。

设备安全部件要求　　　　　　　　表 16-1

相关安全部件	功能和特性
急停装置	切断主电源
超载检测装置	防止起升，允许下降，警示

相关安全部件		功能和特性
电气联锁		防止手动和动力同时驱动起升机构。切断主动力接触器
防倾斜装置		保持吊船水平
多层缠绕卷筒与收绳器的监控系统		切断起升机构动力
起升限位开关: (带有极限限位开关)		防止起升,允许下降。此开关作为允许其他操作(如行走、回转、俯仰和伸缩)的联锁装置
极限起升限位开关		切断起升机构动力 极限限位开关为非自动复位式
下降限位开关		防止下降,允许起升
钢丝绳终端极限限位开关		切断起升机构动力
后备制动器限位开关		切断主动力接触器
驱动机构行程限位		运行方向动作中断,但允许反方向运动
伸缩吊臂后备装置限位开关		切断伸缩吊臂动力
链条驱动机构后备装置限位开关		切断链条驱动机构动力
螺杆传动后备装置		切断螺杆传动机构动力
齿轮齿条驱动系统后备装置		切断齿轮齿条驱动机构动力
液压缸锁定(液压锁或平衡阀)		液压杆锁定直至手动释放
约束点开关		停止起升与下降
约束系统分离控制开关		运行方向动作中断,但允许反方向运动
收绳器失效限位开关	使用时收绳器可见	切断提升机和收绳器动力
	使用时收绳器不可见	
电池电量传感器		指示电池电量
电池充电电源联锁		电池充电时停止所有运动
三相电源保护		切断主动力接触器
电缆卷筒限位开关		在电缆最大长度时停止运动
吊臂独立控制		在吊船允许最大倾斜角度停止运动
物料起升机构载荷高度限位开关		运行方向动作中断,但允许反方向运动

三、全面检验（每6个月一次）

（1）根据检验方案每6个月全面检验一次，应进行现场特定风险评估以制定检验方案。

（2）全面检验应包括：

1）仔细目测检查；

2）条件具备时，测试设备的所有安全关键部件，以确定是否有任何强度下降、疲劳、腐蚀或移位的迹象，并确定设备是否运行正常。

3）工作范围所有功能动作的操作是否正常。

（3）安全装置的检查周期不得超过6个月。如在现场不具备测试条件，可以拆下该装置，送制造厂测试。对拆下测试的装置，在交付使用前，应检查所有重新安装的和其相关的部件。在测试、检查和维修过程中，如安全装置或电气保护装置需暂时失效时，应在完成测试、检查和维修后立即将这些装置恢复到正常工作状态。

（4）完成全面检验后负责全面检验的合格人员应向责任人出具检验报告。

（5）在全面检验确定存在可能影响设备安全使用的潜在或严重缺陷，合格人员应立即向责任人发出停用通知。

（6）责任人应在不伤害操作者或其他人员的情况下，确保对设备进行必要的补救或其他工作。当设备有可能存在影响安全使用的潜在或严重缺陷时，补救工作应在设备恢复使用前进行。

四、设备年检

（1）设备年检的间隔应不超过13个月。

（2）每使用两年后，设备年检应安排在与全面检验同时进行，以使合格人员在全面检验时见证年检载荷试验。

（3）吊船均匀承载额定载重量，并应进行全范围的运行操作。

1）在测试期间应密切观察设备以确定其在承载情况下功能是否正常。

2）应确定是否有可能影响设备安全运行的明显缺陷。

3）测试时应观察所有限位开关和超载检测装置，以确定是否正常工作。

（4）使用巴士合金固定的钢丝绳接头应在两年内重新制作。

（5）完成年检后应向责任人出具检测报告。

五、辅助检查（10年一次）

（1）除规定的全面检验，某些关键安全部件应进行详细的定期检查。辅助检查的详细要求、程度和周期，应通过现场特定风险评估、特定装置的设计与用途和使用手册的要求来确定。

（2）辅助性全面检验项目一般10年进行一次。

（3）辅助检查应包括下列项目：

1）应检查所有固定件和与轨道相关的锚固单元是否有积水迹象。如怀疑积水可能造成腐蚀，或怀疑有其他损坏，则应至少抽检5%的典型样本进行充分暴露检查。

2）应特别注意与轨道相关锚固单元的拉拔力。

3）插杆座等固定设施或类似装置应无松动和进行防锈处理。

4）起升机构的排绳组件、导向滑轮、主制动器、后备制动器等；变幅机构的齿轮传动、导向滚轮（或滑块）、变幅螺杆和螺母等；回转机构的齿轮传动、行走机构的导向滚轮等和其他关键安全部件，如果不能通过目视判断其可靠性，应拆下以评估其状态。评估应包括由专业检测工程师进行的无损检测。

5）回转机构和其他部件的预紧螺栓的预紧力矩是否满足设计要求。

6）提升机、防坠落装置应拆下以评估其状态。评估应包括由专业检测工程师进行的无损检测。

（4）除非另行要求，进行全面检验的人员不必见证补充全面检验项目，但必须在项目完成后由实施机构向责任人出具报告并留存备查。如果发现安全关键部件已磨损，但认为仍适合使用，也应记录在报告中。

第十七章　擦窗机事故案例分析

第一节　概　　述

擦窗机是非标准设计的高处作业悬挂设备，属于高危作业产品，其特点：

（1）设备相对复杂，需要经过专业培训上岗作业。无证操作、违章操作隐患极大，是引发安全事故的主要原因。

（2）一旦发生高空坠落，就是人身伤害大事故。

（3）设备露天存放，影响设备的使用可靠性。应有专业公司对设备进行定期维护保养，确保设备状态良好、使用安全。

（4）设备使用应受到风力等气候条件的限制。超过5级风使用、突遇阵风和暴雨时，吊船随风飘荡，极易引发安全事故。

（5）设备的使用管理和使用监管是保证设备可靠性和安全使用的必要条件。大厦物业公司应有专人负责设备管理和相关资料的存档备案，负责与制造商的专用配件协调等工作。

第二节　事故案例分析

一、无证上岗、违章操作引发的重大安全事故

1. 2008年北京某大厦擦窗机使用事故

（1）事故过程

灯光公司在进行安装作业中，屋面悬挂机构断裂，造成吊船、屋面悬挂机构整体坠落，3人死亡的较大安全生产事故。

（2）事故原因分析

1）在完成一个吊船工作范围区域的工作后，吊船应上升至最高位，屋面台车行走至下一个工作立面处，吊船再下降至工作点面处进行工作。上述事故作业中，在空中采用手拉葫芦斜拉偏拽，强行使吊船水平移位，屋面悬挂机构非正常受力达到设计的数倍以上，屋面悬挂机构断裂，造成吊船、屋面悬挂机构整体坠落，严重违章操作是造成事故的直接原因。

2）操作工安全意识淡薄，缺乏基本的安全操作知识。

（3）事故警示

1）擦窗机操作必须经过专业培训，持证上岗。

2）擦窗机操作必须严格按照操作手册的要求进行操作。

3）警示牌上、操作手册中规定吊船中限定操作人员为2人，实际操作作业中吊船内为3人，造成3人直接死亡的较大安全事故（3人以下为一般事故）。

2. 2007 年成都 ×× 银行擦窗机事故

（1）事故过程

幕墙公司在进行幕墙维护作业中吊船坠落，造成1人死亡、1人重伤的安全生产事故。

（2）事故原因分析

1）设备安装使用近10年，无维护保养公司对设备进行专业保养，设备长期处于带故障运行状态，多道安全保护装置失效或失灵，存在极大的安全隐患。卷扬机构上升限位装置失灵、后备超速保护装置失效是造成本次事故的直接原因。

2）操作工未按照操作手册的规定进行日常维护保养。

3）操作工无培训记录，无证上岗作业。

（3）事故警示

1）擦窗机操作必须经过专业培训，持证上岗。

2）擦窗机操作必须严格按照操作手册的要求进行日常检查和维护。

3. 2012 年苏州 ×× 酒店擦窗机使用事故

（1）事故过程

幕墙公司在中午休息时将吊船停放在空中，下午上班时，操作工直接从开启窗户跨进吊船时，吊船摆动，1名操作工直接坠落地面死亡。

（2）事故原因

违章操作，工作完成后未将吊船停放至安全层面。

（3）事故警示同前述。

二、突遇恶劣天气引发的安全事故

1. 2019年珠海××大厦擦窗机整机在屋面倒塌

（1）事故过程

珠海遭遇特大台风过程中，擦窗机整机被台风刮倒，造成整机报废和屋面结构损坏。

（2）事故原因

当遇台风恶劣天气预警时，在停机位未有防风缆绳加以保护，特大台风将擦窗机吹移至轨道端头后倾倒。

（3）事故警示

当擦窗机长期停放或遇台风、暴风预警时，擦窗机设备必须设置卡规器、防风缆绳等保护。

2. 2018～2021年多起突遇暴风影响的擦窗机事故

（1）2018年上海××中心，擦窗机在使用中，突遇暴风，吊船随风飘荡出几十米，持续时间几分钟，损坏玻璃数块，操作工身心受到极大伤害。使用中违反操作规程，吊船下降作业中未按照操作规程要求固定钢丝绳防风约束系统，是导致事故的直接原因。

（2）2019年，厦门××中心，幕墙公司作业后，未将擦窗机停放至停机位，吊船停放至距离屋顶设备层几十米的小屋面。第二天突遇大风来袭，将吊船挂出小屋面，随风飘荡，场面相当惊险，事故造成几十块幕墙玻璃损坏。操作工违反操作规程，未将吊船停放在指定停机位是造成事故的直接原因。

（3）类似的突遇暴风引发的擦窗机事故有多起。

事故警示：

1）必须严格按照操作规程使用设备。

2）擦窗机设备的风速使用限制≤5级风。设备使用前，必须查询当地的气象条件，气象预警等详细信息，确保擦窗机安全使用。

三、施工现场管理混乱、设计缺陷等引发的安全事故

一个事故的发生，违反操作规程引发事故是主要原因，在分析事故原因时会发现，在擦窗机使用中，设备产权单位无专人管理和监管使用过程、无相关资料存档备案是普遍存在的问题，也是发生事故的间接原因之一。

2005年左右，在广州××大厦，幕墙施工维护作业中发生吊船坠落事故，2名操作工，其中1人系安全绳悬挂于空中经紧急救援脱离生命危险；1人未系安全绳直接随吊船坠落死亡；吊船坠落直接压死了工作区下方草坪维修工1人。经事故鉴定这是一起违章操作；作业区下方未设置安全警示牌；设备超速保护装置失效，产品质量存在严重安全隐患的典型安全生产责任事故案例。

擦窗机是非标设计产品，有些单位的产品设计质量和制造质量还没有真正达到和符合擦窗机相关标准的要求，近10年中因产品质量可靠性差引发了数起擦窗机安全事故。

事故警示：

（1）擦窗机必须由专职人员管理，并为设备建立完善的档案资料，物业单位应真正起到监管和指导作用。

（2）生产制造商不能一味的追求利益最大化、投标最低价等商业不良现象。应按照擦窗机相关标准规范要求设计、制造和安装，确保产品使用的可靠性和安全性。

（3）操作者要提高自身的专业知识和水平，加强安全保护意识，珍惜生命：

1）发现违章指挥，有权拒绝操作。

2）发现安全隐患，及时上报，及时修理。

3）安全隐患不排除，拒绝上机操作。

4）严格按照操作规程操作和维护设备。

5）培训合格、持证上岗。

附录 培训考核题库及答案

一、判断题（在复习题后面，正确的打√，错误的打×）

1. 擦窗机操作人员应从楼面或地面进入吊船，必要时允许从窗口进出。（　　）

2. 擦窗机操作人员不得有不适合高处作业的疾病或生理疾病。（　　）

3. 擦窗机配重应准确、牢固的安装在悬挂台车上。（　　）

4. 表面钢丝磨损或腐蚀达到钢丝直径的 40% 以上时应报废。（　　）

5. 擦窗机钢丝绳与吊船连接端头形式应为金属压制接头、自紧楔形接头等，或采用其他相同安全等级的形式。（　　）

6. "三不伤害"即不伤害自己、不伤害他人、不被他人所伤害。（　　）

7. 擦窗机设备安装中，钢丝绳的连接如失效会影响安全时，则不可以使用 U 形钢丝绳夹。（　　）

8. 作业时突然断电，必须由专业维修工检查，排除电气系统故障后方可使用。（　　）

9. 只有采取安全保护措施后，才可超载作业。（　　）

10. 严禁固定自爬升吊船安全锁开启手柄。（　　）

11. 安全钢丝绳必须同工作钢丝绳悬挂在同一悬挂点上。（　　）

12. 必要时可以将吊船作为垂直运输设备使用。（　　）

13. 在吊船作业下方区域，应设置警示线或警示牌。（　　）

14. 大臂、立柱、底架整体失稳后应及时修复或报废。（　　）

15. 设备在使用期间，应按照使用手册的规定进行日常维护和保养。（　　）

16. 进入吊船作业时应戴安全帽。（　　　）

17. 在自爬升吊船提升机发生卡绳时，应立即反转将钢丝绳退出。（　　　）

18. 擦窗机出现故障后，操作工可以自行维修。（　　　）

19. 发现安全隐患后，操作人员有权拒绝上机操作。（　　　）

20. 可以在吊船内增加垫脚物品，增加作业高度。（　　　）

21. 擦窗机吊船下方必须设置防撞杆装置。（　　　）

22. 擦窗机可以不设置上行程极限开关。（　　　）

23. 吊船上升时，可以采用手动上行程开关停止吊船上升。（　　　）

24. 使用中发现设备异常，应在完成作业后立即进行检修。（　　　）

25. 凡在坠落高度基准面 2m 以上（含 2m）有可能坠落的高处进行的操作称为高处作业。（　　　）

26. 吊船上必须设置紧急状态下切断主电源控制回路的急停按钮。急停按钮为红色，并有明显的"急停"标记，并能自动复位。（　　　）

27. 擦窗机应安装上限位开关和上极限限位开关，并且两者应有各自独立的控制装置。（　　　）

28. 擦窗机的上限位开关和极限限位开关应正确定位，并且极限限位开关应高于上限位开关的安装高度。（　　　）

29. 极限限位开关触发后，除非合格人员采取纠正操作，吊船不能上升与下降。（　　　）

30. 自爬升吊船电气系统应设置相序继电器，确保电源缺相、错相连接时不会导致错误的控制响应。（　　　）

31. 安全带应高挂低用，防止摆动和碰撞。（　　　）

32. 作业时操作人员必须戴好安全帽，系好安全带，并将安全带扣在吊船设置的专用连接处；或扣在另外配置的独立安全绳上。（　　　）

33. 在吊船上升至最高位置，上升限位开关动作，此时吊船

只能向下运行。（　　　）

34. 钢丝绳公称直径减少 7% 以上，但未发现断丝，可以继续使用。（　　　）

35. 每天作业前要认真检查钢丝绳是否有扭结、挤伤、松散、磨损、无断丝。（　　　）

36. 擦窗机的电气设备防护等级应不低于 IP54。（　　　　）

37. 应在防坠落安全绳转角处垫上软垫等防磨保护措施。（　　　）

38. 饮酒、过度疲劳或情绪异常者不准进行擦窗机操作。（　　　）

39. 电焊作业时，可以将吊船或物料起升钢丝绳当作接地线使用。（　　　）

40. 安全带的自锁器应连接在单独悬挂于建筑物顶部牢固部件的安全绳上，且安全绳上端固定应牢固可靠。（　　　）

41. 独立安全绳可以固定在设备的大臂上或底架上。（　　　）

42. 轨道式、轮载式擦窗机有吊船控制系统和台车控制系统。（　　　）

43. 轨道式、轮载式擦窗机的控制系统中吊船控制为主控制。（　　　）

44. 轨道式、轮载式擦窗机的控制系统中，台车控制为主控制。（　　　）

45. 擦窗机的台车控制与吊船控制应互锁。（　　　　）

46. 擦窗机使用完成后，可以拆卸转场再安装作业。（　　　）

47. 擦窗机是根据建筑物造型进行设计和安装的专用设备。（　　　）

48. 擦窗机的专用功能是清洗作业。（　　　）

49. 擦窗机的专用功能是用于建筑物的清洗和维护。（　　　）

50. 轨道式、轮载式擦窗机系统主要由台车、吊船、轨道系统组成。（　　　）

51. 悬挂式擦窗机系统主要由爬轨器、吊船、悬挂轨道组成。（　　　）

52. 插杆式擦窗机系统主要由插杆、吊船、插杆基座组成。（　　　）

53. 擦窗机的起升机构主要有卷扬型和自爬升提升机两种型式。（　　）

54. 擦窗机的额定载重量是指操作人员的重量。（　　）

55. 擦窗机的额定载重量包括吊船自重和操作人员的自重。（　　）

56. 擦窗机的额定载重量是由制造商设计的吊船能够承受的由操作者、工具和物料组成的最大工作载荷。（　　）

57. 擦窗机的总悬挂载荷是吊船自重和额定载重量之和。（　　）

58. 物料起升机构的最大工作载荷是指 1.25 倍的安全工作载荷。（　　）

59. 极限工作载荷是指吊船的 1.25 倍的额定载重量。（　　）

60. 吊船悬挑平台的安全工作载荷等于吊船的额定载重量。（　　）

61. 物料起升机构的安全工作载荷是指制造商设计允许的最大工作载荷。（　　）

62. 擦窗机的主制动器是指电机的抱闸制动器。（　　）

63. 卷扬型擦窗机必须配置后备制动器。（　　）

64. 自爬升吊船必须配置防坠落装置，即安全锁。（　　）

65. 卷扬型起升机构，超载检测装置安装在卷扬机构内。（　　）

66. 卷扬型起升机构，超载检测装置安装在吊船内。（　　）

67. 超载检测装置设定的超载量为 35%。（　　）

68. 吊船下部应安装防撞杆装置，防止吊船下行中遇到障碍物发生倾翻事故。（　　）

69. 卷扬型起升机构的钢丝绳分工作钢丝绳和安全钢丝绳。（　　）

70. 自爬升吊船起升机构的钢丝绳分工作钢丝绳和安全钢丝绳。（　　）

71. 轨道式、轮载式擦窗机的台车由大臂、立柱、起升机构、底架、配重等组成。（　　）

72. 擦窗机的台车也称悬挂装置。（　　）

73. 插杆式擦窗机的悬挂装置是插杆。（　　　）

74. 擦窗机完成工作后，应停放在指定的停机位。（　　　）

75. 擦窗机在停机位应按照使用手册的规定固定好防风缆绳和卡轨器。（　　　）

76. 擦窗机的基本型式分为：轨道式、轮载式、插杆式、悬挂式、滑梯式。（　　　）

77. 轮载式擦窗机的行走通道应为刚性屋面。（　　　）

78. 轮载式擦窗机的行走轮应为实心胶轮。（　　　）

79. 擦窗机的主参数是指吊船的额定载重量。（　　　）

80. 擦窗机最小的额定载重量200kg。（　　　）

81. 擦窗机最小的额定载重量为120kg。（　　　）

82. 擦窗机最大的额定载重为1000kg。（　　　）

83. 擦窗机警示牌上标注的允许最大工作风速为5级风。（　　　）

84. 安装有悬挂钢丝绳约束系统时，擦窗机工作允许的最大工作风速的限制条件是吊船横向摆动不超过4m，纵向摆动不超过吊船长度的40%，而且每个操作者的最大操作力不大于200N。（　　　）

85. 擦窗机预埋件螺栓的最小直径为16mm。（　　　）

86. 擦窗机电源应采用三相五线制。（　　　）

87. 擦窗机主电源与控制电源间应设置变压器进行有效隔离。（　　　）

88. 擦窗机主电源漏电保护器的灵敏度不小于30mA。（　　　）

89. 擦窗机主电源漏电保护器的灵敏度不小于40mA。（　　　）

90. 擦窗机主电源间绝缘电阻应不小于0.5MΩ。（　　　）

91. 擦窗机主电源间绝缘电阻应不小于0.3MΩ。（　　　）

92. 擦窗机电气线路绝缘电阻应不小于2MΩ。（　　　）

93. 擦窗机电气线路绝缘电阻应不小于1.5MΩ。（　　　）

94. 电缆芯钢丝绳内置电缆芯的供电电压应不大于380V。（　　　）

95. 电缆芯钢丝绳内置电缆芯的供电电压应不大于240V。（　　　）

96. 擦窗机急停按钮安装在主控制箱上或吊船控制箱面板上。（　　　）

97. 急停按钮为红色或黄色。（　　）

98. 急停按钮按下后，控制系统停止擦窗机的所有动作的操作。（　　）

99. 操作工上机操作前应遵循警示牌的规定。（　　）

100. 擦窗机安全绳悬挂的人数不得超过 2 人。（　　）

101. 擦窗机系统设计安装的插座＋插销防风系统仅在大于 5 级风时使用。（　　）

102. 擦窗机约束系统的防风插座在立面的间距不大于 20m。（　　）

103. 擦窗机防风插销在更换玻璃工作位置处使用。（　　）

104. 擦窗机悬挂钢丝绳的最小直径为 5mm。（　　）

105. 卷扬型钢丝绳的安全系数应≥ 12。（　　）

106. 插杆式、悬挂式自爬升吊船钢丝绳的安全系数应≥ 9。（　　）

107. 卷扬型擦窗机起升机构防坠落安全保护装置为电机主制动器和后备制动器保护装置。（　　）

108. 自爬升吊船起升机构防坠落安全保护装置为电机主制动器和安全锁保护装置。（　　）

109. 起升机构的最高位置必须安装限位开关和极限限位开关。（　　）

110. 卷扬型起升机构后备装置触发后必须切断主电源。（　　）

111. 卷扬型起升机构后备装置触发后必须切断卷扬电机电源。（　　）

112. 擦窗机回转机构必须安装限位开关和极限限位开关。（　　）

113. 擦窗机非封闭轨道端头应安装可靠机械止挡装置。（　　）

114. 斜爬型擦窗机台车应安装防坠落保护装置。（　　）

115. 轨道式擦窗机在停机位应安装卡轨器。（　　）

116. 插杆式、悬挂式擦窗机的第一级防坠落保护装置是指电机主制动器。（　　）

117. 插杆式、悬挂式擦窗机的第二级防坠落保护装置是指安

全锁。（　　）

118. 轨道式擦窗机控制转换开关设置在吊船内。（　　）

119. 轨道式擦窗机控制转换开关设置在台车主控制箱面板上。（　　）

120. 擦窗机台车和吊船控制柜面板上必须安装急停按钮。（　　）

121. 急停按钮必须是非自动复位式。（　　）

122. 擦窗机安装前，安装工应按照现场规定进行三级教育。（　　）

123. 轨道伸缩缝安装间距不大于 15m。（　　）

124. 轨道内外侧伸缩缝位置应错开安装。（　　）

125. 轨道内外侧伸缩缝应安装在同一对应位置。（　　）

126. 轨道伸缩缝安装间距不大于 12m。（　　）

127. 轨道伸缩缝间隙不大于 5mm。（　　）

128. 轨道伸缩缝间隙不大于 4mm。（　　）

129. 轨道伸缩缝平面高差不大于 3mm。（　　）

130. 轨道伸缩缝平面高差不大于 2mm。（　　）

131. 屋面轨道系统应与建筑物避雷系统可靠连接。（　　）

132. 轨道伸缩缝处的搭接线可采用钢板直接连接。（　　）

133. 轨道伸缩缝处的搭接线应采用专用避雷搭接线或采用圆弧段圆钢连接。（　　）

134. 擦窗机现场调试时应进行各动作功能调试和安全部件的测试。（　　）

135. 擦窗机现场载荷试验包括动载和静载试验。（　　）

136. 擦窗机系统现场验收应由第三方检测机构进行现场检测，并出具检测报告。（　　）

137. 擦窗机检查、维护和测试分 4 个步骤：使用前检查、检查和维护、全面检验、设备年检（载荷试验）。（　　）

138. 擦窗机使用前检查间隔时间为一周。（　　）

139. 擦窗机使用前检查是指每天或每次使用前的检查。（　　）

140. 擦窗机检查和维护的间隔时间一般为 3 个月 1 次。（　　）

141. 擦窗机检查和维护的间隔时间一般为5个月1次。（　　）

142. 擦窗机全面检验间隔时间一般为6个月1次。（　　）

143. 擦窗机全面检验间隔时间一般为12个月1次。（　　）

144. 擦窗机设备的年检时间（载荷试验）一般不超过13个月。（　　）

145. 擦窗机辅助检查（大修）的间隔时间一般为10年。（　　）

二、选择题（将正确答案序号填入空格内）

1. 擦窗机操作属于（　　）高处作业，具有极大危险性。

    A. 特级　　　　　　　　　　B. 三级

    C. 一级

2. 卷扬型擦窗机悬挂系统的钢丝绳安全系数不小于（　　）。

    A. 8　　　　　　　　　　　　B. 9

    C. 12

3. 插杆型、悬挂型擦窗机悬挂系统的钢丝绳安全系数不小于（　　）。

    A. 8　　　　　　　　　　　　B. 9

    C. 12

4. 擦窗机班前检查工作的直接责任人是（　　）。

    A. 操作工　　　　　　　　　B. 修理工

    C. 安全员

5. 插杆式、悬挂式用安全锁发生故障时应请（　　）修理。

    A. 安全员　　　　　　　　　B. 现场修理工

    C. 制造厂

6. 作业人员对用人单位管理人员违章指挥、强令冒险作业，应该（　　）。

    A. 坚决执行　　　　　　　　B. 提出意见

    C. 拒绝执行

7. 下列不属于额度载重量的是（　　）。

    A. 操作人员重量　　　　　　B. 悬吊平台重量

    C. 材料与工具重量

8. 国家标准《高处作业吊篮》GB/T 19155—2017 规定安全锁的有效标定期限不大于（　　　）。

    A. 半年   B. 1 年

    C. 2 年

9. 擦窗机操作作业中突然断电时，应立即（　　　）。

    A. 关上电器箱的电源总开关，切断电源

    B. 与地面或屋顶有关人员联络，判明断电原因

    C. 采取手动方式使悬吊平台平稳滑降至地面

10. 每班作业前，由（　　　）按擦窗机日常检查内容逐项进行检查，如实填写"日常检查表"。

    A. 擦窗机维修工   B. 擦窗机操作工

    C. 擦窗机安装工

11. 应由（　　　）按期对擦窗机进行日常保养。

    A. 专职安全员   B. 擦窗机操作工

    C. 擦窗机安装工

12. 操作工作业时佩戴安全帽和安全带，安全带上的自锁器应连接在生命绳上，生命绳固定方式为（　　　）。

    A. 单独牢固连接建筑物   B. 大臂上

    C. 轨道上

13. 操作工不得穿硬底鞋、塑胶底鞋、拖鞋或其他易滑的鞋子进行作业，作业时（　　　）在吊船内使用梯子、凳子、隔板等攀高工具和在吊船外另设吊具进行作业。

    A. 可以   B. 严禁

    C. 经批准可以

14. 每天使用前必须按日常检查要求进行检查，并进行（　　　）运行，确认设备处于正常状态后方可进行施工作业。每天工作结束后，按日常要求做好维护保养。

    A. 满载   B. 空载

    C. 动载

15. 作业完毕或过夜时，擦窗机应停放在（　　　）位置，并

可靠固定。

    A. 停机位　　　　　　　　B. 轨道任何段

    C. 无所谓

16. 急救电话号码为（　　　）。

    A. 119　　　　　　　　　B. 114

    C. 120

17. 按触发机构的不同，安全锁可分为摆臂防倾式和（　　　）。

    A. 离心限速式　　　　　B. 电控机械式

    C. 弹簧搭扣锁

18. 擦窗机使用的电源电压必须在（　　　）范围内。

    A. 380V 的 ±3%　　　　　B. 380V 的 ±5%

    C. 380V 的 ±10%

19. 安全锁每使用（　　　），必须由专业人员进行维修和保养，并应重新标定。

    A. 6 个月　　　　　　　　B. 9 个月

    C. 12 个月

20. "三违"是指违章（　　　）、违章操作、违反劳动纪律。

    A. 指挥　　　　　　　　　B. 穿着

    C. 命令

21. 擦窗机任一部位有故障均不得使用，应请（　　　）进行维修。

    A. 专业维修工　　　　　B. 操作工

    C. 安全员

22. 每次擦窗机运行中只能有（　　　）人控制。

    A. 1　　　　　　　　　　B. 2

    C. 3

23. 擦窗机的电气线路绝缘电阻应不小于（　　　）。

    A. 0.5MΩ　　　　　　　　B. 2MΩ

    C. 4Ω

24. 擦窗机的电气系统接地电阻应不大于（　　　）。

A. 0.5MΩ   B. 2MΩ

C. 4Ω

25. 摆臂防倾式安全锁锁绳角度应不大于（　　）。

A. 3°   B. 8°

C. 14°

26. 我国安全生产管理方针是（　　）。

A. 安全为了生产，生产必须安全

B. 安全第一、预防为主、综合治理

C. 安全第一、预防为主、强化管理

27. 《安全生产法》立法的目的是加强安全生产监督管理，
防止和减少（　　），保障人民群众生命和财产安全，促进经济
发展。

A. 生产安全事故   B. 火灾、交通事故

C. 重大、特大事故

28. 擦窗机应安装上限位开关和上极限限位开关，两者的控
制装置应（　　）。

A. 各自独立   B. 不能独立

C. 无所谓

29. 擦窗机的上限位开关和上极限限位开关应正确定位，并
且上极限限位开关应（　　）上限位开关安装。

A. 低于   B. 高于

C. 同高度

30. 在吊船工作上部位置设置上限位块，上限位行程开关触
及上限位块后，电机停止运行，此时吊船只能（　　）运行。

A. 向下   B. 停止

C. 向上

31. 轨道式擦窗机控制系统有（　　）。

A. 台车控制系统

B. 吊船控制系统

C. 吊船控制系统和台车控制系统

32. 擦窗机控制系统中，（　　）为主控制。

A. 台车　　　　　　　　B. 吊船

C. 都可以

33. 擦窗机的主要功能是（　　）。

A. 清洗　　　　　　　　B. 维护

C. 清洗和维护

34. 擦窗机系统主要有（　　）组成。

A. 台车＋轨道　　　　　B. 台车＋吊船

C. 台车＋吊船＋轨道系统

35. 擦窗机的总悬挂载荷是指（　　）。

A. 额定载重量＋吊船自重

B. 额定载重量＋操作人员自重

C. 额定载重量＋钢丝绳全放的自重＋吊船自重

36. 擦窗机的基本型式分为（　　）。

A. 轨道式、轮载式、插杆式

B. 轨道式、轮载式、插杆式、悬挂式

C. 轨道式、轮载式、插杆式、悬挂式、滑梯式

37. 擦窗机允许的最大工作风速为（　　）。

A. 6 级风　　　　　　　B. 5 级风

C. 4 级风

38. 擦窗机预埋件的最小公称直径为（　　）。

A. 20mm　　　　　　　B. 16mm

C. 12mm

39. 卷扬型起升机构后备装置触发后必须切断（　　）。

A. 卷扬电机电源　　　　B. 主电源

C. 吊船电源

40. 防风插销的布置间距应不大于（　　）。

A. ≤ 20m　　　　　　　B. ≤ 25m

C. ≤ 30m

41. 擦窗机极限开关动作后，可以有（　　）及时进行维修

和复位。

  A. 操作工   B. 维修工

  C. 安装工

42. 轨道式控制系统的转换开关应设置在（ ）。

  A. 吊船上   B. 台车上

  C. 吊船或台车上

43. 轨道伸缩缝的间距一般不大于（ ）。

  A. 20m   B. 15m

  C. 12m

44. 轨道伸缩缝间隙应不大于（ ）。

  A. 3mm   B. 4mm

  C. 5mm

45. 轨道伸缩缝平面高差应不大于（ ）。

  A. 3mm   B. 2mm

  C. 4mm

46. 楼顶轨道系统应与建筑物避雷系统连接，搭接线间距应不大于（ ）。

  A. 40m   B. 30m

  C. 20m

47. 擦窗机系统验收时，现场载荷试验包括（ ）。

  A. 静载试验＋动载试验   B. 静载试验

  C. 动载试验

48. 擦窗机系统现场验收应有（ ）进行现场检测，并出具检测报告。

  A. 生产制造商   B. 总包或监理

  C. 第三方检测机构

49. 擦窗机检查、维护和测试分为（ ）。

  A. 使用前检查、检查和维护、全面检验、设备年检 4 个步骤

  B. 使用前检查、检查和维护、全面检验 3 个步骤

C. 检查和维护、全面检验、设备年检 3 个步骤

50. 擦窗机使用前检查指（　　　）。

　　A. 每天工作前　　　　　　　B. 隔天检查

　　C. 每周 1 次

51. 检查和维护的间隔时间一般为（　　　）1 次。

　　A. 3 个月　　　　　　　　　B. 6 个月

　　C. 12 个月

52. 擦窗机全面检验的间隔时间一般为（　　　）1 次。

　　A. 6 个月　　　　　　　　　B. 12 个月

　　C. 2 年

53. 擦窗机年检时间不得超过（　　　）。

　　A. 13 个月　　　　　　　　　B. 12 个月

　　C. 24 个月

54. 擦窗机辅助检查（大修）间隔时间一般为（　　　）。

　　A. 5 年　　　　　　　　　　B. 10 年

　　C. 15 年

55. 卷扬型擦窗机后备制动器触发后，切断（　　　）。

　　A. 主电源　　　　　　　　　B. 升降电源

　　C. 主电源或升降电源

三、多选题（将正确答案序号全部填入空格内）

1. 按照安装方式擦窗机的分类为（　　　）。

　　A. 轨道式　　　　　　　　　B. 轮载式

　　C. 悬挂式　　　　　　　　　D. 插杆式

　　E. 滑梯式

2. 使用擦窗机时，每班作业完成后的安全操作规程有（　　　）。

　　A. 擦窗机应停放在停机位、固定卡轨器

　　B. 吊船停放地面，并用绳索固定，防止风吹摆动

　　C. 切断电源，锁好控制箱

　　D. 检查各装置、部件安全技术状态

　　E. 按照操作手册的要求填写交接班记录表

3. 擦窗机使用时的安全操作禁令有（　　　）。

　　A. 严禁 5 级风（8.3m/s）以上使用

　　B. 严禁超载使用

　　C. 吊船内的操作人员不得超过 2 人

　　D. 严禁带故障运行

　　E. 严禁无证操作

4. 吊船内安装提升机的自爬升吊船，使用时的安全操作禁令有（　　　）。

　　A. 严禁 5 级风（8.3m/s）以上使用

　　B. 严禁超载使用

　　C. 吊船内的操作人员不得超过 2 人

　　D. 严禁在安全锁闭锁时，开动提升机下降

　　E. 在提升机发生卡绳故障时，严禁反复按动升降按钮，强行排险

　　F. 严禁人为使安全锁失效

5. 轨道式擦窗机主要由（　　　）系统组成。

　　A. 悬挂装置　　　　　　　B. 轨道

　　C. 吊船　　　　　　　　　D. 埋件

　　E. 卷扬

6. 轮载式擦窗机主要由（　　　）系统组成。

　　A. 悬挂装置　　　　　　　B. 导向轨道

　　C. 吊船　　　　　　　　　D. 卷扬

　　E. 埋件

7. 悬挂式擦窗机主要由（　　　）系统组成。

　　A. 吊船　　　　　　　　　B. 轨道

　　C. 爬轨器　　　　　　　　D. 提升机

　　E. 安全锁

8. 插杆式擦窗机主要由（　　　）系统组成。

　　A. 吊船　　　　　　　　　B. 插杆

　　C. 插杆座　　　　　　　　D. 提升机

E. 安全锁

9. 卷扬型起升机构擦窗机主要由（　　）安全装置。

　　A. 电机主制动保护　　　　　B. 超速保护后备制动器

　　C. 超载保护　　　　　　　　D. 吊船防撞杆保护

　　E. 回转限位保护　　　　　　F. 伸缩与俯仰限位保护

　　G. 起升限位保护

10. 悬挂式/插杆式擦窗机主要由（　　）安全装置。

　　A. 电机主制动保护　　　　　B. 安全锁保护

　　C. 超载保护　　　　　　　　D. 吊船防撞杆保护

　　E. 独立安全绳保护

复习题库参考答案

一、判断题

1.（×）；	2.（√）；	3.（√）；	4.（√）；
5.（√）；	6.（√）；	7.（√）；	8.（√）；
9.（×）；	10.（√）；	11.（×）；	12.（×）；
13.（√）；	14.（√）；	15.（√）；	16.（√）；
17.（×）；	18.（×）；	19.（√）；	20.（×）；
21.（√）；	22.（×）；	23.（×）；	24.（×）；
25.（√）；	26.（×）；	27.（√）；	28.（√）；
29.（√）；	30.（√）；	31.（√）；	32.（√）；
33.（√）；	34.（×）；	35.（√）；	36.（√）；
37.（√）；	38.（√）；	39.（√）；	40.（√）；
41.（×）；	42.（√）；	43.（×）；	44.（√）；
45.（√）；	46.（×）；	47.（√）；	48.（×）；
49.（√）；	50.（√）；	51.（√）；	52.（√）；
53.（√）；	54.（×）；	55.（×）；	56.（√）；
57.（×）；	58.（×）；	59.（×）；	60.（×）；
61.（√）；	62.（√）；	63.（√）；	64.（√）；
65.（×）；	66.（√）；	67.（×）；	68.（√）；

69. （×）；   70. （√）；   71. （√）；   72. （√）；

73. （√）；   74. （√）；   75. （√）；   76. （√）；

77. （√）；   78. （√）；   79. （√）；   80. （×）；

81. （√）；   82. （√）；   83. （√）；   84. （√）；

85. （√）；   86. （√）；   87. （√）；   88. （√）；

89. （×）；   90. （√）；   91. （×）；   92. （√）；

93. （×）；   94. （×）；   95 （√）；   96 （√）；

97 （×）；   98. （√）；   99. （√）；   100. （√）；

101. （×）；   102. （√）；   103. （×）；   104. （×）；

105. （√）；   106. （√）；   107. （√）；   108. （√）；

109. （√）；   110. （√）；   111. （×）；   112. （√）；

113. （√）；   114. （√）；   115. （√）；   116. （√）；

117. （√）；   118. （×）；   119. （√）；   120. （√）；

121. （√）；   122. （√）；   123. （×）；   124. （√）；

125. （×）；   126. （√）；   127. （×）；   128. （√）；

129. （×）；   130. （√）；   131. （√）；   132. （×）；

133. （√）；   134. （√）；   135. （√）；   136. （√）；

137. （√）；   138. （×）；   139. （√）；   140. （√）；

141. （×）；   142. （√）；   143. （×）；   144. （√）；

145. （√）

二、选择题

1. （A）；   2. （C）；   3. （B）；   4 （A）；

5. （C）；   6. （C）；   7. （B）；   8. （B）；

9. （A）；   10. （B）；   11. （C）；   12. （A）；

13. （B）；   14. （B）；   15. （A）；   16. （C）；

17. （A）；   18. （B）；   19. （C）；   20. （A）；

21. （A）；   22. （A）；   23. （B）；   24. （C）；

25. （C）；   26. （B）；   27. （A）；   28. （A）；

29. （B）；   30. （A）；   31. （C）；   32. （A）；

33.（C）；   34.（C）；   35.（C）；   36.（C）；
37.（B）；   38.（B）；   39.（B）；   40.（A）；
41.（B）；   42.（B）；   43.（C）；   44.（B）；
45.（B）；   46.（B）；   47.（A）；   48.（C）；
49.（A）；   50.（A）；   51.（A）；   52.（A）；
53.（A）；   54.（B）；   55.（A）

三、多选题

1. ABCDE；   2. ABCDE；   3. ABCDE；   4. ABCDEF；
5. ABC；   6. ABC；   7. ABC；   8. ABC；
9. ABCDEFG； 10. ABCDE

参 考 文 献

［1］《建设工程安全生产管理条例》（中华人民共和国国务院令第 393 号）

［2］《建筑施工特种作业人员管理规定》（建质［2008］75 号）

［3］中华人民共和国国家标准．擦窗机 GB/T 19154—2017［S］

［4］中华人民共和国国家标准．高处作业吊篮 GB/T 19155—2017［S］．北京：中国标准出版社，2017.

［5］中华人民共和国行业标准．擦窗机安装工程质量验收标准 JGJ/T 150—2018［S］．北京：中国建筑工业出版社，2018.

［6］中华人民共和国行业标准．建筑施工安全检查标准 JGJ 59—2011［S］．北京：中国建筑工业出版社，2012.

［7］中华人民共和国国家标准．头部防护 安全帽 GB 2811—2019［S］．北京：中国标准出版社，2019.

［8］中华人民共和国国家标准．安全带 GB 6095—2009［S］．北京：中国标准出版社，2009.

［9］中华人民共和国国家标准．坠落保护 安全绳 GB 24543—2009［S］．北京：中国标准出版社，2010.